U0162421

给孩子的物理三书

原来物理可以这样学

PHYSICS

别莱利曼 著

趣味物理学

团结出版社

图书在版编目（CIP）数据

趣味物理学 / (俄罗斯) 雅科夫·伊西达洛维奇·别莱利曼著；赵丽慧译. -- 北京：团结出版社, 2020.6

（给孩子的物理三书）

ISBN 978-7-5126-7944-3

Ⅰ. ①趣… Ⅱ. ①雅… ②赵… Ⅲ. ①物理学—青少年读物 Ⅳ. ①O4-49

中国版本图书馆CIP数据核字(2020)第095994号

出版： 团结出版社

（北京市东城区东皇城根南街84号 邮编：100006）

电话：（010）65228880 65244790（传真）

网址： http://www.tjpress.com

Email： zb65244790@vip.163.com

经销： 全国新华书店

印刷： 三河市腾飞印务有限公司

开本： 170×230 1/16

印张： 38.5

字数： 500千字

版次： 2020年8月 第1版

印次： 2021年12月 第3次印刷

书号： 978-7-5126-7944-3

定价： 99.00元（全三册）

总 序

General sequence

庄子说："判天地之美，析万物之理。"

阿基米德说："给我一个支点，可以撬起整个地球。"

拉塞福说："所有的科学不是物理学，就是集邮。"

爱因斯坦说："从物理学出发思考一切。"

物理学是一门迷人的学问。

物理学家为我们打开了奇妙的世界之门，现代科技无一不是在物理学的基础上发展起来的。没有物理学，我们现在还处于蛮荒时代，可以说物理学是现代文明最重要的基石。

很多物理学家往往在青少年时期就表现出了对物理世界的极度好奇，并展开探索。这其中，优秀的物理科普读物起到了巨大的作用。

诺贝尔奖获得者杨振宁教授多次在演讲中介绍，他在中学时期读到的一本书——《神秘的宇宙》，打开了他认识物理世界的大门。

1979年诺贝尔物理学奖得主、美国物理学家史蒂文·温伯格说："对我而言，当我刚刚进入青春期时，正是受到伽莫夫和金斯的书籍的鼓舞，才对物理产生了浓厚的兴趣。”

对于青少年来说，无论课里课外，多了解一些物理知识都是十分有益且必要的。物理学可以让我们对生活中最基本的现象进行分析、理解和判断。比如生活中最普通的物质——水，它结冰时的温度是0℃，沸腾时的温度是100℃。它在吸管中为什么会随着我们的吸力上升？为什么在烧热的油锅中滴入水会产生剧烈的爆鸣？为什么热水在保温瓶中可以长时间地保温……如果你学了物理学就会对水的这些现象做出科学的解释。当然，生活中不止水，一切物质现象都蕴含着深奥的物理知识。

为了激发孩子们学习物理的兴趣，我们特别编辑了这套《给孩子的物理三书》。这套丛书一共包含三本通俗、有趣的物理科普读物，分别是俄国科普作家雅科夫·伊西达洛维奇·别莱利曼的《趣味物理学》、德国科普作家奥托·威利·盖尔(Otto Willi Gail)的《物理世界的漫游》、民国科普作家徐天游的《物理学初步》。

《趣味物理学》是一本妙趣横生、引人入胜的科普读物。书中不仅有物理学领域的大量知识，还有让人着迷的各种物理学相关故事，故事内容或来源于日常生活中的常见事件，或取材于著名的科幻作品，如儒勒·凡尔纳、威尔斯、马克·吐温及其他一些经典作品，以此来引起读者对物理学的兴趣，开拓读者的视野，同时加深读者对物理学重要理论的认知。这本书的作者雅科夫·伊西达洛维奇·别莱利曼是俄国著名的科普作家，他一生致力于教学和科学写作，创办了俄罗斯第一份科普杂志《在大自然的实验室里》。他从17岁开始发表作品，一生共完成了105本著作，这些著作大部分都是科普读物，其中《趣味物理学》从1916年至1986年已再版22次。1942年，别莱利曼在列宁格勒去世。别莱利曼去世以后，人们为了纪念这位人类的科普大师，以他的名字命名了一座月球上的环形山。

《物理世界的漫游》是一本告诉你如何重新观察世界的科普读物。书中罗列了许多几乎令人无法相信的物理问题，比如要冷却一杯水应该把冰放在杯子上面，正在飞行的苍蝇有多重，以及一吨铁比一吨木头轻五磅……作者先引起读者的好奇心，然后使他们心甘情愿地跟着思考，去用他们的心。这本书的作者奥托·威利·盖尔是德国科学记者、科普作家，毕业于德国慕尼黑工业大学的电气工程和物理学专业。他曾在报社和广播电台工作，写过关于物理学、天文学和太空旅行的非小说类书籍，还写过科幻小说。他与德国太空探索先驱者马克思·瓦里尔（Max Valier）、赫尔曼·奥伯特（Hermann Oberth）关系甚密，因此，使得他能够在自己的作品中融入独特而详尽的专业知识。

《物理学初步》是一本全面涵盖物理基础知识的科普读物。这本书用大量的图片与简练的文字相结合，围绕物理学的基础知识点和现象深入剖析力学、热学、声学、光学、电学等。当然，作者也巧妙地将物理学知识联系到日常生活中来，使读者对已掌握的知识做到活学活用。这本书的作者徐天游是民国时期学者、科普作家，代表作有《物理学初步》《平面三角问题解法研究》《数学发达史》《珠算捷径》等，这些作品在当时均产生了广泛的影响。

虽然这三本书的作者来自不同的国家，但是书中的内容都巧妙地将生活中许多常见的现象和物理学知识联系到一起，不仅可以让青少年认识到世界的奇妙，还能启发青少年对物理世界的探索，点燃青少年学习物理的兴趣。此外，这套书中还归纳总结了物理学中所涉及的知识点，使读者对于物理学的关键知识点一目了然，对于初中生学习物理也能起到课外辅导的作用。

物理学是人类的希望之光，每一次技术革命都是在物理学的发展下推动的。我们希望这套《给孩子的物理三书》能让更多的孩子爱上物理学，伴随着物理学的不断发展，为我们揭开宇宙的神秘面纱！

前 言

Preface

雅科夫·伊西达洛维奇·别莱利曼（1882—1942），俄国科普作家，趣味科学的奠基人。他没有什么重要的科学发现，也没有“科学家”“学者”之类的荣誉称号，却为科普事业付出了自己的一生；他没有以“作家”的身份自居，却不比任何一位成功的作家逊色。

别莱利曼出生于俄国的格罗德省别洛斯托克市，17岁时在报刊上发表了第一篇处女作。1909年，他大学毕业后就开始从事教学与科普作品创作，并于1913年至1916年间完成《趣味物理学》，为创作趣味科学系列图书打下了坚实的基础。

1919年至1923年，别莱利曼亲手创办了俄罗斯第一份科普杂志《在大自然的实验室里》，并担任该杂志的主编。1925年至1932年，他担任时代出版社理事，随后组织出版了一系列趣味科普图书。1935年，他创办和主持了列宁格勒（现称圣彼得堡）“趣味科学之家”博物馆，组织了许多少年科普活动。

在反法西斯侵略的卫国战争中，别莱利曼为苏联军人举办了军事科普讲座——几十年的科普生涯结束之后，他将自己最后的力量奉献给了挚爱的科普事业。在德国法西斯侵略军围困列宁格勒期间，即1942年3月16日，这位对世界科普事业做出巨大贡献的趣味科学大师不幸辞世。

1959年发射的无人月球探测器“月球3号”传回了月球背面照片，其中一座月球环形山后来命名为“别莱利曼”环形山，作为全世界对这位科普巨匠的永久纪念。

别莱利曼一生笔耕不辍，仅出版的作品就有100多部。他的大部分作品都是趣味科普读物，其中多部已经再版几十次，被翻译成多种语言，如今仍然在全世界出版发行，深受读者的喜爱。

所有读过别莱利曼趣味科普读物的读者，都为其作品的优美、流畅、充实和趣味化而着迷。在他的作品中，文学语言与科学语言完美地融为一体，生活实际与科学理论也巧妙地联系在一起，他总是能把一个问题、一个原理叙述得简洁生动，精准有趣——读者常常会觉得自己不是在读书学习，而是在听各种奇闻趣事。

由别莱利曼创作的这本《趣味物理学》，文字简洁生动，趣味盎然，很适合青少年阅读。它的最大特点是：在作者分析小故事的过程中，高深莫测的科学问题变得简单易懂，晦涩难懂的科学原理变得生动有趣，成功勾起了读者想进一步探讨的好奇心和求知欲。

希望读者朋友们喜欢这部科普经典读物，并能从中收获快乐和知识！

目录

Chapter 1 速度与运动

Chapter 2 重力·重量·杠杆·压力

Chapter 3 介质受到的阻力

Chapter 4 转动与永动机

Chapter 5 液体与气体的特征

Chapter 6 热现象

Chapter 7 光线

Chapter 8 光的反射与折射

Chapter 9 单眼和双眼的视觉差别

Chapter 10 声音与听觉

Chapter 1

速度与运动

我们的运动速度

一个专业的长跑运动员跑1500米，大约需要3分35秒（每秒7米左右），我们普通人的行走速度是1.5米/秒。由此可以看出，二者的速度差别很大，专业运动员跑一秒比普通人走一秒要多出5米多。

但是，普通人的步行速度和运动员的长跑速度不是同一个衡量标准，二者各有各的优势。步行的人走得慢，持续时间较长，可以连续行走几个小时；运动员速度很快，但持续时间不长，过一会儿就需要停下来休息。

同理，军人急行军时每秒大概能走2米，速度只是长跑人的$\frac{1}{3}$左右，相对较慢，但坚持时间久，可以连续不停歇地走上十几个小时甚至一天，这是他们的优势，专业运动员无法相比。

众所周知，蜗牛、乌龟的速度相当慢，与其相比，人类的速度就显得相当快了。比如，蜗牛每秒钟的爬行速度是1.5毫米，相当于每小时5.4米，我们必须仔细盯着看，才能发现它在移动，而成人的行走时速差不多是5400米。由此可见，蜗牛的行进速度仅仅是人类速度的千分之一！连速度很慢的乌龟，都比蜗牛快出了10倍多，能达到每小时爬行70米左右。

和慢吞吞的蜗牛、乌龟相比，人类拥有闪电般的速度，但和许多其他动物相比，人类的速度也没有那么快。例如，要想和令人讨厌的苍蝇比赛，人类恐怕必须穿上溜冰鞋，因为苍蝇每秒能飞行5米，而普通成人的行走速度也不过每秒1.5米。跟野兔、猎狗这类动物比赛的话，人类就算骑上快马，也不一定能追上。至于速度极快的另一些动物，比如老鹰，估计人类只有坐上飞机才能与其抗衡。

人类在速度方面比不上许多动物，却发明了许多可以提速的工具，例如前面提到的飞机，还有汽车甚至火箭等。在它们的辅助下，人类的速度超过了世界上所有的动物。

我们曾经设计过一种时速可以达到60-70千米的带潜水翼的客轮，与其相比，很多陆地上的交通工具可以更快，比如客运火车的速度能达到时速100千米以上。

图1所示的新型轿车吉尔-111，速度可达170千米/小时，“海鸥”汽车的速度也能达到160千米/小时。

图1 新型轿车吉尔-111。

不过，前面所提到的几种交通工具若是与飞机相比，速度又要相去甚远了，飞机比它们要快得多。图2所示的图-104飞机，曾经服务于多条民用航线，时速达到了800千米。以前，生产超音速（声音的速度是330米/秒，即1200千米/小时）飞机还是一个难以逾越的鸿沟，现在，时速达到2000千米的小型喷气式飞机已经生产出来了。

图2 图-104飞机。

时至今日，人类已经可以制造出更快的交通工具。比如在大气层边缘运行的人造地球卫星，它每秒的运行速度就高达8千米。

更惊人的是，宇宙飞船飞离地面时的初始速度超过了11.2千米/秒，达到了第二宇宙速度[1]。

	米/秒	千米/小时
蜗　牛	0.0015	0.0054
乌　龟	0.02	0.07
鱼	1	3.5
步行的人	1.4	5
骑兵常步	1.7	6
骑兵快步	3.5	12.6
苍　蝇	5	18
滑雪的人	5	18
骑兵快跑	8.5	30
水翼船	17	60
野　兔	18	65
鹰	24	86

1.第一宇宙速度也叫环绕速度，指航天器绕地球表面做圆周运动时必须具备的速度。第二宇宙速度则指可以摆脱地球引力场，飞离地球，进入环绕太阳运行的轨道的速度。

猎 狗	25	90
火 车	28	100
小汽车	56	200
竞赛汽车	174	633
大型民航飞机	250	900
声音（空气中）	330	1200
轻型喷气飞机	550	2000
地球的公转	30000	108000

和时间赛跑

来回答一个特别有意思的问题：上午8点，我们从符拉迪沃斯托克（海参崴）出发，在同一天的上午8点，能不能到达莫斯科呢？能。

那么，符拉迪沃斯托克与莫斯科之间的时差是多久？答案是9小时。就是说，如果飞机在两地之间的飞行速度也是9小时的话，飞机在符拉迪沃斯托克的起飞时间即是它到达莫斯科的时间。

符拉迪沃斯托克与莫斯科之间大约相隔9000千米，如果飞行时间是9小时，飞机的飞行速度就要达到1000千米/小时。在现代化的技术条件下，这个速度完全可以达到。

飞机沿着纬线飞行并“超过太阳”（可以说是另一种意义上的“超过地球”），所要达到的速度不是特别高。例如，在南北纬77°线上，飞机的飞行速度只要达到450千米/小时即可实现。因为在这种情况下，飞机与地球是相对静止的关系，在乘客看来，外面的太阳是静止的，永远不会下落，此时最重要的条件就是飞机的飞行方向要与地球的自转方向保持一致。

众所周知，月球每天都在围绕着太阳转动，是地球的唯一卫星。那我们能否“超过”月球呢？当然可以。月球围绕地球自转的速度仅是地球自转速度的$\frac{1}{29}$（指角速度，并非线速度），由此可得，一艘时速25-30千米的轮船沿着月亮围绕地球旋转的纬线方向航行，在中纬度地区就可以“追上”它了。

著名作家马克·吐温[1]在某一次随笔中谈到了相似的现象，他说，从纽约飞往亚速尔群岛的途中，穿越了整个大西洋，一路上风和日丽，晚上的天气甚至比白天的还要好。

在日常生活中，我们也经常发现类似现象，比如月亮每天晚上总是同一时间出现在同一位置，如果不知道其中原委，自然难以理解。现在我们知道了，以每小时跨越20分的速度在经度上向东行驶，正好能与月球保持同步的速度。

千分之一秒

人类的最小计时单位大概就是“秒”了，比“秒”更小的计时单位其实也存在，例如“千分之一秒”。虽然我们通常把它比作零，但这种微小的计时单位在实际生活中也得到了广泛应用。

在没有办法获取精准时间的年代，人们只能利用太阳高度和阴影长短等方式来判断大概时间，想要把时间精确到几分钟之内是不可能的（图3），更不要说精确到“秒”了。那时候，人类把一分钟看成是无所谓的时间表，不知道一分钟里到底能做些什么，平时使用的是日晷、滴漏、

1.马克·吐温（1835-1910），美国杰出小说家，幽默大师，美国批判现实主义文学奠基人。

沙漏等没有“分钟”刻度的计时工具（图4）。直到18世纪初，带有指示“分钟”指针的计时工具才刚刚出现。又过了大约100年，等到19世纪初期，才出现了秒针。

图3 18世纪以前，人们根据太阳的高度（左）或影子的长度（右）来判断时间。

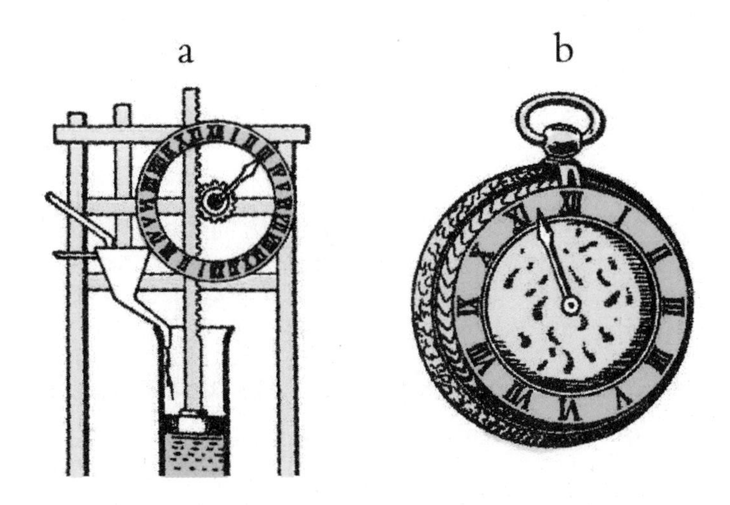

图4 a图是古代人用的滴漏计时器，b图是怀表。它们都没有分钟的刻度显示。

说了这么多，还没有说一点：我们在千分之一秒的短暂时间内究竟可以做什么呢？其实是有许多事情可做的。举个例子来说，对火车而言，这点时间不值得一提，仅仅能走3厘米，但对声音而言，却是33厘米的距离，超音速飞机可以达到50厘米。在千分之一秒里，地球可以围绕太阳走30米，而光甚至可以达到300千米。

如果自然界中的很多微小生物也有思想的话，它们一定可以察觉到千分之一秒的时间，不会同我们一样抱着“无所谓”的态度。例如，蚊子的翅膀上下振动的频率是每秒500-600次，在千分之一秒里，它可以抬起或放下翅膀超过一次。

对人类的器官来说，最快的运动也不过是眨眼，即我们常说的“转瞬”或“一瞬”，它们的移动速度是不可能像昆虫那样快，但对人类而言，这个速度已经快到根本察觉不到了，很多人可能都没有考虑过这个速度有多快。

但是，如果用千分之一秒来量算，我们难以察觉的“转瞬”却非常慢。经过测量，人们发现，“一瞬”是千分之一秒的400倍，即大约0.4秒。在此期间，眼皮能完成好几个动作：上眼皮垂下（75-90个千分之一秒），上眼皮垂下，然后静止不动（130-170个千分之一秒），上眼皮抬起（约170个千分之一秒）。在这段时间中，眼皮甚至可以得到暂时的休息。由此可知，“一瞬”其实是一个很长的时间。从另一方面来说，如果能感受到千分之一秒的时间，我们就可以看到在“一瞬”中发生的景象了。比如，眼皮完成了上下两次移动以及两次移动中的情景。

我们无法感知到千分之一秒内发生的事情，这是由神经系统的特殊构造决定的。但想象一下，如果上述事实成真，周围的一切都将发生巨大的变化。比如作家乔治·威尔斯[1] 曾在小说《时间机器》中描述了一个情

1.乔治·威尔斯（1866-1946），英国著名小说家，以科幻小说闻名。他还是一位预言家和社会改革家。

景，主人公无意间喝下了一种被称为“最新加速剂”的药酒，它可以让人的神经系统发生变化，看到速度极快的东西。

这里摘录了小说的一部分章节：

“在此之前，你可曾见过窗帘这么紧紧地贴在窗户上面吗？”

我转头看了一眼窗帘，发现它竟然像在窗户上冻僵了似的。当微风吹过，卷起一角时，它如同凝固一般保持着那卷起的模样。

“太神奇了！我从未见过。”我急忙回答。

“还有更神奇的呢？”他一边说，一边慢慢松开握着玻璃杯的手指。

我以为杯子马上就会落在地上跌碎，然而它却纹丝未动，像被什么东西吊住悬在空中，一动不动。

希伯恩接着说：“你一定知晓，自由下落的物体在下落的第一秒内会下落5米。这只杯子也不例外，正在跑这5米的路程——不过，你更应该清楚，现在它总共还没有跑百分之一秒[1]呢。经过这几件事，你能知晓这种‘新型加速剂’的神奇功效了吧？”

玻璃杯像电影的慢动作一般缓慢下落，希伯恩的手在正绕着杯子上下翻转着……

我将视线转向窗外，一个僵化的人在那儿骑自行车，他正赶着一辆一动不动的小车，一片僵化了的尘土正在自行车后面弥漫着，一辆僵化了的马车引起了我们的好奇。除了车轮的上缘、马蹄、鞭子的上端以及车夫的下颌（他正在打哈欠）——正在极其缓慢地运动着。这辆车上的其余一切已经完全僵化了，就连坐在车上的人也像石膏塑像一般……有一个乘客可能想用报纸遮挡迎面吹来的风，可他的动作老是停留在折报纸的

1.请注意，物体做自由落体运动时，在第一个1秒的百分之一秒里，下落的高度是5米的万分之一，即0.5毫米，而非5米的百分之一；第一个千分之一秒里，下落高度只有0.005毫米。

那一刻，更奇怪的是，我们压根儿就没有感觉到风。

……刚才我所谈、所想以及所做的一切，都发生在“加速剂”渗入身体机能之后，这些对于其他人，对于整个宇宙，都只是发生在一瞬间的事情。

的确，于广阔缥缈的宇宙而言，人类、地球也不过是一瞬间的事情。

20世纪初时，人类通过仪器便测出了万分之一秒的时间。读者们一定很想知道，在科学技术高速发展、精密仪器层出不穷的今天，我们所能测量的最短时间是多少呢？从当下的实验室实验结果可知，人类目前可以测量千亿分之一秒的时间，它的概念相当于1秒钟和3000年的比值。

时间的放大镜

乔治·威尔斯很幸运，他在写小说《时间机器》时一定没有想到，有生之年竟然可以看到小说中的幻想得以实现，尽管只是通过电影荧幕，自己头脑中的情景却一一再现。借助银幕，人们把平时进行比较快的现象用缓慢的动作表现出来，这其实可以称之为“时间放大镜”。

我们知道，普通摄像机每秒只能拍摄24张相片，使用“时间放大镜”，每秒可以拍出更多的相片。它犹如一部特殊的摄像机，如果把它拍摄的相片用正常每秒24张的速度播放，可以看到速度被放慢，动作被拖长。

关于这一点，读者们在电影上已经看到过，比如表演跳高的缓慢动作等等。在复杂仪器的帮助下，人们还可以达到更慢的程度，很快就与威尔斯小说里描写的情形相去不远了。

我们什么时候绕太阳运动得更快

巴黎有一份报纸曾刊登过一则广告：

仅需25生丁[1]，您就可以实现一次既便宜又舒服的旅行！

一些轻率的人真的寄去了25生丁，很快，他们收到了一封信：

先生，请您静静地躺在床上，牢记这一科学事实：

我们的地球在一刻不停地旋转，巴黎所处的纬度是49°，您在每一个昼夜都会随着地球奔跑5000公里以上。

假如您喜欢欣赏沿路美景，请将窗户打开，尽情地享受满天星斗的美丽吧。

最终，登广告的先生被人以欺诈的罪名告到法院。

他听完判决交了罚金，严肃地站起来，郑重地重复着伽利略说过的话：

“可是，不管怎么说，它真真切切地走了那么远啊！”

从某种意义上来说，这位被告是正确的。

要知道，地球每秒在天体空间运动的距离是30千米，而且，它每天还以更快的速度绕着太阳旋转。我们人类生活在地球上，和其他地球居民每天都在绕着地轴不停“旅行”。即便是在夜里睡觉，人们也正随着地球

1.法国的一种旧制货币单位，100生丁等于1法郎。

在运转呢。所以说，那位被告的理由其实是成立的。

不过，我们也因此碰到一个更有趣的问题：身为地球居民的一分子，我们什么时候绕着太阳旋转得更快呢，白天还是晚上？

这个问题很容易引起误会，地球的这一面如果是白天，另一面必定是晚上，那么，将这个问题提出来究竟有什么意义呢？

其实，问题的本意并不是问整个地球什么时候旋转得较快，它的本质是在问，浩瀚的宇宙之间，生活于地球上的我们什么时间运动的速度更快？

此时，这个问题就不再简单得毫无意义了。

绕着地轴自转，同时绕着太阳公转，这是身在太阳系的我们每天都要进行的两项运动。两项运动可以叠加在一起，得到的结果却不尽相同，这由我们的位置是在地球的白昼或黑夜的一面来决定。

如图5所示，由图可知，在午夜的时候，自转速度和公转速度要相加，因为此时地球自转的方向和公转前进的方向是相同的。但是，正午的时候与其相反，这时的实际速度是公转速度减去地球自转的速度，因为此时地球自转的方向和公转的方向是相反的。

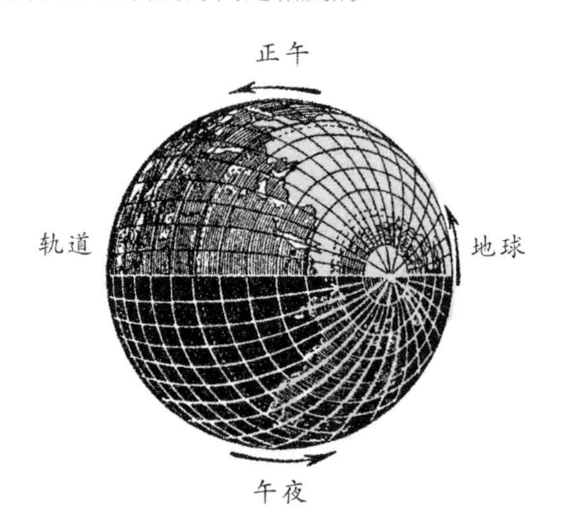

图5 地球绕太阳旋转时，夜晚半球比白天半球的速度更快些。

由此可知，在太阳系中，我们正午的运动速度要慢于午夜的运动速度。

在赤道上，每一点的运动速度是0.5千米/秒。就是说，正午和午夜时分，赤道地带的物体运动速度每秒相差大概有1千米，学过几何学的人都可以轻松换算出来。对于生活在北纬60°的圣彼得堡居民来说，午夜运动的速度要比正午运动的速度快0.5千米/秒，仅仅是赤道地带运动速度的一半而已。

车轮的奥秘

把一张带颜色的纸片贴在自行车或汽车的轮胎上，这大概是我们都玩过的一个小游戏。当自行车或汽车前进的时候，会发现一个令人惊讶的现象：当纸片位于车轮跟地面接触的那一端，即车轮底端时，纸片的移动在我们眼中十分清晰；如果它转到车轮顶端，也就是车轮上端的时候，我们来不及看清楚纸片的移动，它一下子就闪过去了。

随便找一个行驶的车子试验一下，你看到的永远是上轮辐几乎连成一片，而下轮辐就不一样，可以比较清晰明了地看清楚车轮的每一根辐条。由此我们又会留下一个印象，车轮上端的转动速度似乎比下端的转动速度要快一些。

那么，这个奇怪的现象到底该如何解释呢？其实很简单：车轮的上端移动速度确实要比车轮的下端移动得更快一些。你可能一时无法理解，但换个角度去想，这个问题并不难理解。

在旋转的物体上，每一点的运动都是由两部分叠加而成的，这是我们前面已经提及的内容。车轮也是出于同样的道理，一个是绕车轴旋转的运动，一个是与车轴一起向前的运动。当两个运动叠加到一起时，就跟地球上的情形是一样的，而这加合的结果对车轮的上端和下端并不相同。

对于车轮的上端而言，车轮自转的旋转方向和车轴的前进方向相同，此时两个方向的速度要相加。对于车轮的下端而言，两个方向是相反的，此时它们的叠加速度需要相减，因此速度随之慢了下来。

我们在旁边处于静止状态观测时，即会觉得车轮上端的运动速度要比下端的运动速度稍快一些。

如图6所示，可以通过一个简单的实验来论证这个现象：

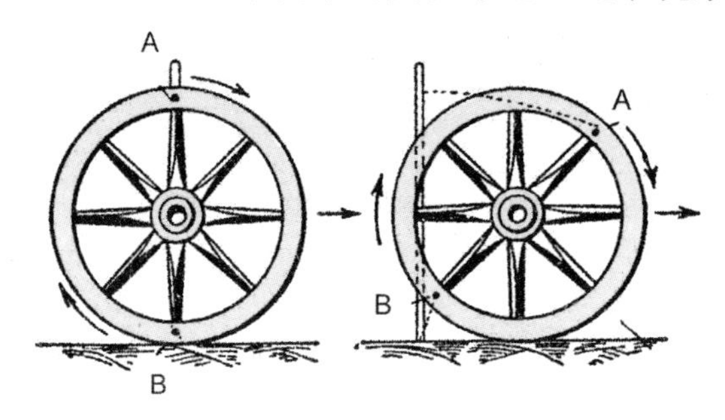

图6 如何证明车轮上端比下端运动速度快?

在空地上插一根木棍，旁边放置一辆车子，要求这根木棍恰好竖直穿过车轮轴心。然后，用粉笔或炭块把轮缘的最上端和最下端分别画出来，并标记为A和B，要求木棍通过轮缘的位置恰好是这两个标记的位置。此时，开始缓缓滚动车轮，我们可以发现，当轮轴离开木棍20-30厘米时，刚才画出的两个标记也移动了一些距离。但是，标记A移动距离较长，而标记B离开木棍的距离较短。由此可知，上面的标记A很明显比下面的标记B移动的距离要大很多。

车轮上哪部分转动得最慢

在车子向前行驶的过程中，车轮上各点的运动速度是不同的，通过上面的实验，我们可以得出一个结论。那么，在车轮旋转的时候，车轮中哪个部分是最慢的？我们要思考这个问题。

车轮前进时，运动最慢的地方就是它与地面接触的那一点，这一点不难想象。或者说，我们也很容易理解，这个点在与地面接触的一瞬间没有向前移动。

前面说了许多，都是关于向前移动的车轮，因此得出的结论对固定在轮轴上旋转的轮子来说就不适用了。例如，飞轮轮缘上的每一点在运行过程中的运动速度都是相同的。

这个问题不是开玩笑

来看一个更有趣的问题：在一列从A地出发驶向B地的火车上，是否存在着一些跟火车运行方向相反的点？也就是在与铁轨的相对关系上，这些点是从B正驶向A地？

你可能会觉得很荒唐，事实上，在某个瞬间与火车行驶方向相反的某些点的确存在于车轮上。

你可能很好奇这些点究竟在哪里？众所周知，火车的轮缘上有一个凸出来的边。我可以告诉你，这个轮缘上凸出来的边的最下端的那一点，在火车向前行驶的时候就是在向后移动，而不是向前移动。

你是不是觉得很不可思议？做完下面的实验，你就会明白了（图7）。

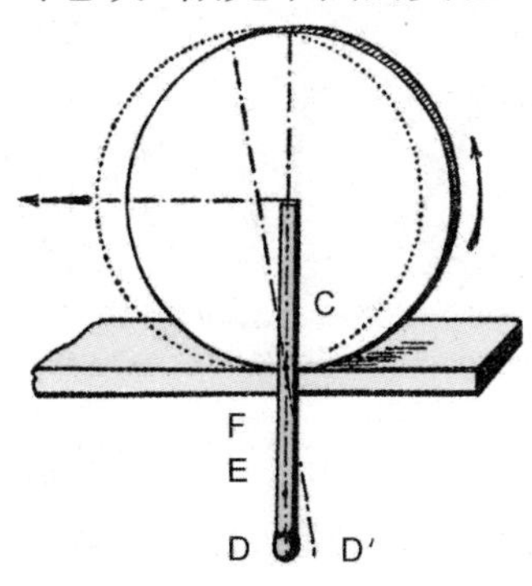

图7 当硬币向左滚动时，

露在硬币外面的火柴部分的F、E、D各点却在向后移动。

先找一个圆形物体，例如，一枚硬币、一个纽扣等。在物体的直径上粘贴一根较长的火柴，火柴的长度要长于这个圆形物体的长度。

把这个圆形物体放置于尺子边缘上的C点，让它沿着尺子自右向左滚动。

与此同时，火柴上的点F、E、D不但没有按照物体的移动方向向前移动，反而在向后方后退，能看得很清楚这一现象。而且，通过点D的运动轨迹，我们可以看到，距离圆形物体边缘越远的火柴上的点，在该圆形物体向前滚动时后退的现象越明显。

前面提到的火车车轮上凸出来边缘的最下端在火车向前行驶时却存在向后移动的现象，与该实验中火柴末端有着异曲同工之妙。

此时我再告诉你，火车上的一些点在向前行驶的某一瞬间是在向后退，并非向前移动，你一定不会觉得惊讶了吧？虽然这些向后移动的点历时很短，大概不到一秒钟，但也必须承认，在向前行驶的火车上，确确实实存在着向后退的一些点。通过图8和图9所示，我们可以清楚地理解这一点。

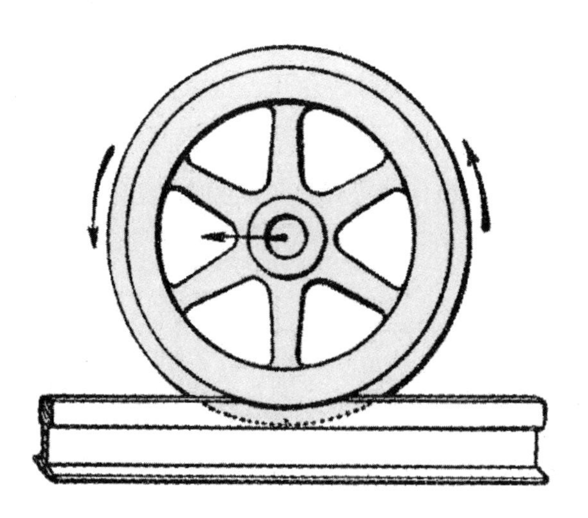

图8 当火车车轮向前移动时，车轮下部向后移动。

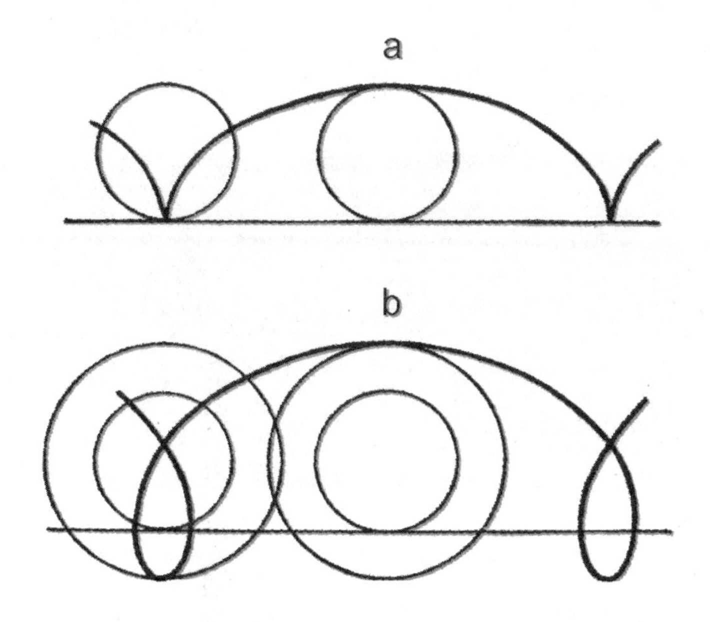

图9 a图显示了行驶中的车轮的运动轨迹，
b图显示了火车车轮凸出来的点所画出的轨迹。

小船由何处驶来

如图10所示，有一只在湖上划行的舢板，箭头a表示行驶方向和速度。在它前面，有另一只同样在行驶的帆船，箭头b表示它的行驶方向和速度。由图可知，二者的行驶方向是垂直的。

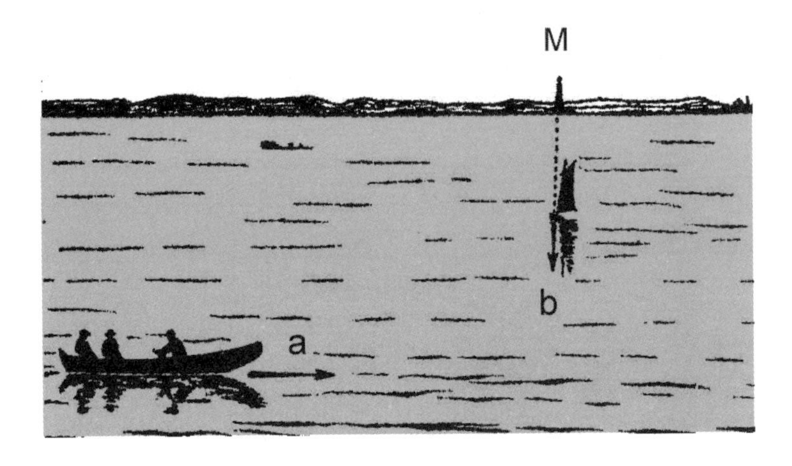

图10 帆船沿着舢板的垂直方向行驶。a、b两个箭头分别表示两船的行驶方向和速度。在舢板上的人看来，帆船由何处出发呢？

这只帆船是从何处驶来的？你一定能够马上指出某一个在岸边的点。但是，如果此时你坐在舢板上，你指出来的点就不一样了，这是什么原因呢？

当你坐在舢板上时，帆船的行驶方向于你而言并不是垂直于你前进的方向。此时，相对舢板而言，你可能感觉到自己是静止不动的，而非向前运动的。对你而言，周围的一切都在以一定的速度向相反方向移动。

此时，在你看来，帆船在沿着箭头b移动，还在沿着跟舢板行驶方向相反的虚线箭头a的方向移动，如图11所示。就是说，帆船行驶的方向是实际运动和视运动两个运动的组合。由平行四边形法则可知，这两个运动的组合运动会使舢板上的你感觉帆船在沿着用a和b做邻边的平行四边形对角线的方向移动。因此，坐在舢板上的你会觉得帆船的出发点是点N，而非岸边的点M。按照舢板前进的方向来看，这个点N在点M的前面。

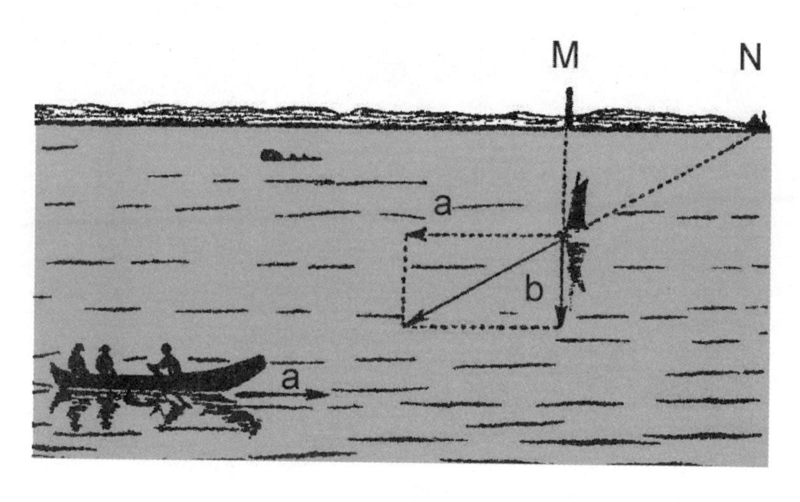

图11 在舢板上的人觉得帆船并没有沿着M点的方向垂直行驶，而是从N点出发斜向行驶。

如果我们沿着地球公转的轨道运动，很容易会在遇到星体光线时犯下与舢板乘客相同的错误，尤其是对各个星体位置的判断。我们总会感觉到各星体的位置沿着地球运动的方向向前移动了一些。虽然，星体的视位移很微小，因为地球移动的速度在光速面前实在是太渺小了（约等于光速的万分之一），但我们依然可以通过天文仪器看到这个位移，该现象就是所说的光行差。

前面的这些问题一定激起了你浓厚的兴趣，现在，帆船的问题解决了，你能找到下面两个问题的答案吗？

·位于帆船上，你觉得舢板在向什么方向行驶？

·位于帆船上，你认为这只舢板要划到哪里去？

如图11所示，要想解决以上两个问题，首先要在a线上画出速度的平行四边形。这个平行四边形的对角线即表示帆船上的乘客认为舢板行驶的方向，他们以为舢板在前方斜向行驶，马上就会靠岸。

Chapter 2

重力·重量·杠杆·压力

请你站起来

如果我跟你说："请你坐在这把椅子上面，即使不用绳子绑住你，你也站不起来"，你肯定认为我在开玩笑。

如图12所示，按照图中的姿势坐在椅子上，上身挺直，两只脚并拢放好。现在，请保持上身不倾斜，两脚位置不动地站起来，你可以做到吗？

图12 以这个姿势坐在椅子上，你一定站不起来。

怎么样，不行吧！只要你上身不倾斜，两只脚不挪动，无论你用多大的力气都休想站起来。

要想弄清楚这是怎么回事的话，首先要了解关于物体与人体如何保持平衡的问题。

从一个物体的重心向下引垂线，垂线必须不能越出物体的底面，这是一个物体想要保持平衡且不会倒下所必须具备的一个条件。

如图13所示，这种斜圆柱体注定无法保持平衡，终将倒下。但是，如果圆柱体的底面足够宽，能够使从它的重心引出的垂线通过底面中间，那么它也能保持平衡，而不会倒下。

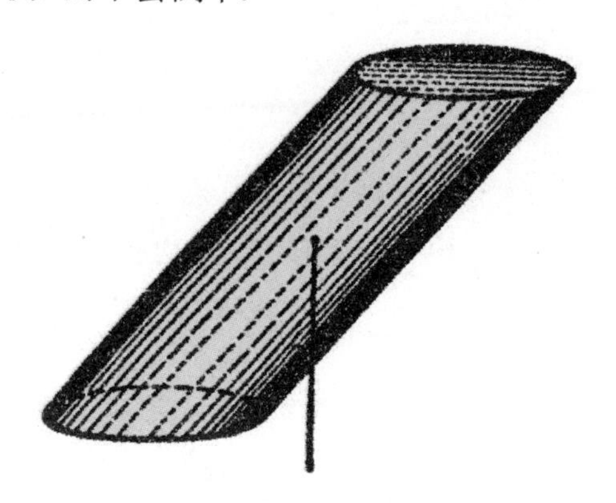

图13 这个圆柱体一定会倒下，

因为从它的重心引出的垂线超过了它的底面。

俄罗斯阿尔汉格尔斯克有一座与比萨斜塔相同原理的“危楼”。如图14所示，为什么它都已经倾斜得相当严重，却还没有倒下呢？

图14 俄罗斯阿尔汉格尔斯克也有一座“危楼”。

建筑的基石仍然深埋在地面以下是一个原因，但仅仅是一个次要原因，最根本的原因是因为从它们的重心向下引出的垂线并没有超出它们的底面。

如图15所示，从一个人的重心向下引垂线，引出的垂线必须位于两只脚的边缘所形成的狭小范围内，这是一个站立者想要不跌倒所必须具备的条件。只用一只脚在钢索上站稳显得尤其困难，因为底面所形成的范围太狭小了，从重心向下引出的垂线很难做到自始至终都在如此狭小的范围内。

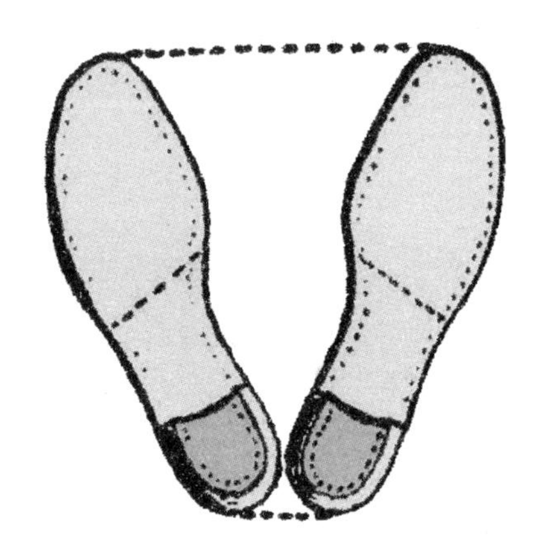

图15 一个人站立时，从他的重心引出的垂线要始终保证在两脚的外缘所形成的狭小范围内。

此时，你可能会想象到老水手们奇怪的走路姿势。因为他们的大部分生活场所就是摇摆不定的船，行走在船上时要想保持身体平衡不会跌倒，就必须尽可能地放大两脚之间的范围，保证从重心引出的垂线时刻都在底面范围内。长此以往，水手们形成了习惯，将在船上的走路方法沿用到陆地上了。

其实，保持这种平衡，反过来也会给我们带来美的享受。

众所周知，有一些少数民族喜欢把重物顶在头顶上走路，他们的走路姿态非常优美，有一幅名画描绘的就是一个头上顶着一个水壶且姿态优雅的女人。当把重物顶在头顶上时，为了保证不跌倒，人们必须让头部和上半身保持平衡，这样才能保证从重心引出的垂线在底面范围之内。因为此时人的重心变高，更不容易保持平衡。

现在，我们回到一开始那个让你坐下后再站起来的实验。

通常情况下，一个人坐下后的重心位置大约比肚脐高20厘米，在靠近脊椎骨的地方。此时，从重心向下引出的垂线肯定会穿过座椅，落到两脚后方。我们前面也已经提到，只有在垂线不超出两脚之间的范围时才能站得起来。

因此，若想站起来，不是身体前倾，就是两脚后移。前者是为了重心前移，后者则能使从身体重心引出的垂线落到两脚之间的范围内。

在日常生活中，我们正是这样做的，否则根本不可能从椅子上站起来，刚才的实验也证明了这一点。

走与跑

我们每天都在做很多运动，有人觉得很了解自己做过的动作。真的如此吗？以走路和跑步为例，你了解多少呢？现在，我来提问：走路和跑步之间有什么不同？你知道在走路和跑步时移动身体的方式吗？很多人可能答不上来，而且我也相信，大概很多人都是第一次深入思考这个问题。

那么，生物学家如何解释这两项运动呢？先来了解一下。

假定一个人正单脚站立，而且用的是右脚。接着，他开始提起脚跟，同时前倾身体。注意，此时从他的重心引下的铅垂线自然要偏出右脚的底面范围，他很快就要向前方跌倒；但是这个跌倒动作尚未发生，他原本抬起悬空的左脚迅速踏在前方的地面上，于是从重心引下的铅垂线又落到了双脚之间的区域。随即，原来已经失衡的身体也恢复了平衡，这个人随之向前迈了一步。

他可以继续保持这个有点儿吃力的状态，如果想要继续前进，那就要重复动作，比如前倾身体，将重心前移，移出双脚支撑的区域，接着右脚抬起悬空，就在身体要跌倒前，右脚向前迈出踏在地上，于是重心又回落在双脚之间的区域——他的右脚向前走了一步，如此往复，便一步步地走了下去。

很显然，步行的动作实际上由一连串前倾、跌倒、抬脚、迈出、踏下的动作不断重复组成。简单地说，就是把原来悬空留在后面的脚，移到前面去维持身体的平衡罢了（图16）。

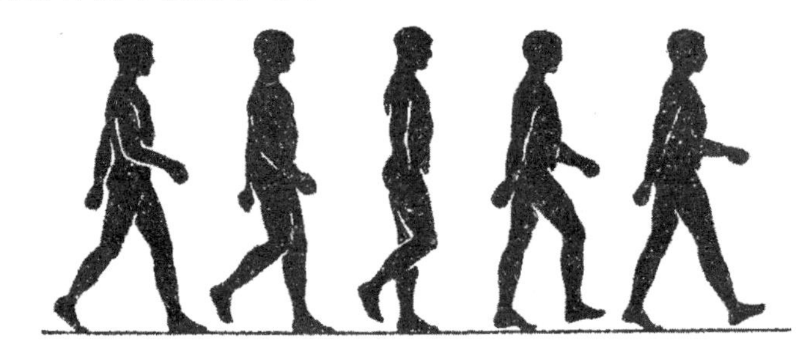

图16 人在行进时的连续动作。

让我们进一步深入分析。假定这个人已经迈出了第一步，此时他的右脚脚尖还未离开地面，而他的左脚呢？已经踏到了前面的地面。

只要迈出的步子不那么小，他的右脚脚跟应该离开地面，因为只有提起脚跟，前倾的人体才不至于失去平衡而跌倒。而左脚呢，当然是脚跟首先着地。当整个左脚脚底完全踏到地面时，右脚也随之完全悬空，与此同时，原本略微弯曲的左脚膝部，因为大腿骨三头肌的收缩而随之伸直了，并于瞬间处于直立状态。这时，原本半弯曲的右脚就可以向前迈步了，随着身体的前倾，恰好迈出的右脚又踏在地面上（图17、图18、图19）。

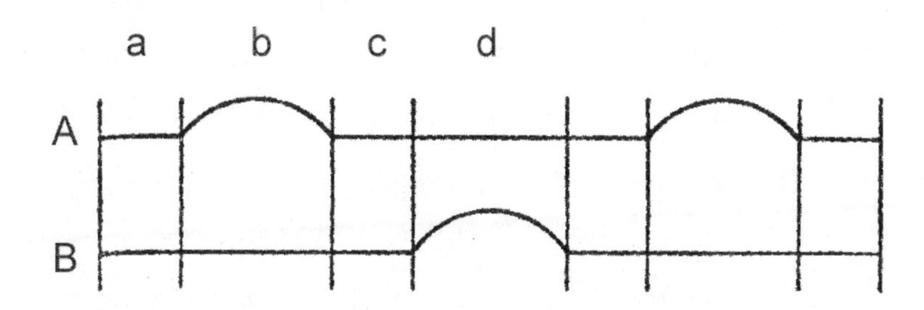

图17 人在走路时两脚的连续动作图解。

A、B分别代表两只脚的运动轨迹。

图18 人在跑步时的连续动作。

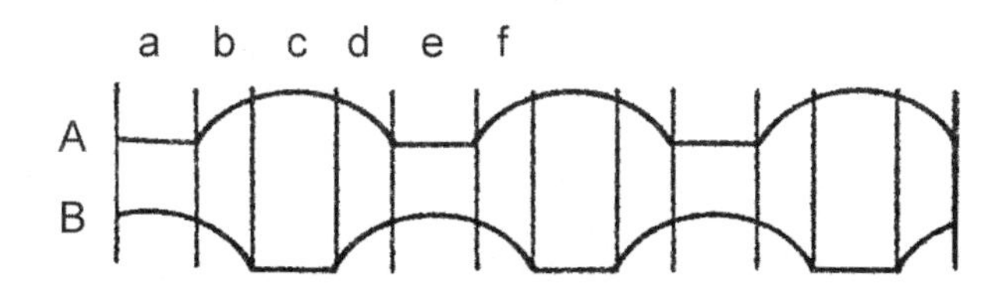

图19 人在跑步时两脚的连续动作图解。

b、d、f点是人双脚悬空的时刻。这是人在跑步与行走时双脚轨迹的不同之处。

随后，左脚也开始重复前面右脚的动作：脚跟先提起来，然后整只脚离开地面。

在跑步时，人本来是站在地面上的，然后借助肌肉的突然收缩，整个身体向前强力弹出并抛向前进的方向，这一瞬间身体就可以全部离开地面。当然，它与步行还是有所不同的。

紧接着，身体落到了前面的地上，此时我们就需要另一只脚来支撑整个身体。在身体仍停留在空中的一瞬间把这只脚迅速地迈到前方。由此可见，跑步就是从一只脚到另一只脚的一连串飞跃。

过去，我们总以为人在平地上走路的时候不需要消耗能量。实际上，人的重心每次都会随着走路的每一步而至少移动几厘米。我们从计算可以得知，平地上人们走路时所做的功，大约是把这个人提高到前进距离相等高度时所做功的 $\frac{1}{15}$ 。

如何从行进中的车厢中跳下来

“当你想从一列行进中的火车上跳下来时，向前跳、向后跳或向其他方向跳，哪个才是最安全的呢？”

根据我们的经验，无论是谁看到这个问题后大概都会回答：“惯性决定，当然跟车行驶的方向同向才行嘛！”真的吗？我们不妨开动脑筋，认真想一想，依据惯性原理，列车向前行驶的话，人的惯性也是向前的，这时只有朝向列车相反的方向，即向后跳速度才会减缓，才是更安全的啊！如果这么一想，上面那个想当然的答案自然就是错误的了。

但是事实并非如此。因为惯性因素在这个问题中只是一个配角，不能真正决定跳出的方向，人的行走动作和自我保护能力才是决定安全跳车的最终因素。

假设现在情况紧急，你必须从一辆行进中的车子上跳下来，那么向前跳或者向后跳分别会出现什么情况呢？

从车子上跳下来，整个身体在离开车厢时还是保持和车子相同的前进速度，这一点由惯性原理可知。此时，如果我们向前跳的话，人的速度一定会大于车子的速度，因为人的速度是跳跃速度加上惯性速度（车速）。

但如果向后跳，人的速度就会慢很多，因为此时人的速度是下跳速度减去惯性速度（车速）。人的速度越慢，落地时受到的冲击就越小，受伤的概率也会减小，当然也是更安全的。

通过上面的分析，我们似乎能得出一个结论：向后跳不会和地面发生太大的冲撞，更能够安全落地。可是，几乎所有跳车的人，基本都选择了向前跳。无数次的实践也证明，向前跳才是最好的跳车方法，虽然速度快，其实更安全。因为虽然向后跳时落地速度比较慢，人的身体却很别扭，更容易受伤。所以读者们一定要牢牢记住，必须跳车时一定要选择向前跳。

前面我们提到，惯性只是一个次要因素，下面就来详细说一下这个次要因素。

因为向后跳的人的落地速度比向前跳的人的落地速度要慢很多，所以冲击力也会更小，这是我们通过前面不完整的“理论”所得出的一个并不准确的论述。无论是向前跳还是向后跳，人都有跌倒的危险，因为脚在落地时会停止运动，而此时人的上半身还在运动中。

既然都有跌倒的危险，那么哪种危险更小呢？向前跳的危险更小。

我们身体的运动速度在向前跳时比向后跳时要快，但是我们会习惯性地把一只脚伸向前方（人的惯性会随着乘坐车子的速度越快而速度越快，这时借助惯性向前跑好几步可以有所缓冲），而伸向前方的脚则可以很好地避免我们有摔倒的危险。

在从小到大的向前走路的过程中，我们已经习惯了这个动作（前面我们分析过，人的行走从力学角度上来说，其实是“一连串的身体前倾和及时迈步避免摔倒”的组合动作）。虽然身体的运行速度在向车子相反方向跳时减慢了一些，但因为此时人是向后倒的，所以脚不得不做出更大的迈步动作来缓冲一下身体，避免摔倒。可即使如此，仍然有跌倒的危险，有时甚至危险性更大。更重要的是，人在向前摔倒时可以用手来支撑一下，向后跳车摔下来时，由于是后背着地，受伤会更严重。

通过以上分析可以得知，我们在选择跳车方向时，既要考虑惯性的因素，也要考虑人类的行为习惯和自我保护意识。但是，对于不会走路且没有意识的无生命物体来说，惯性就是决定性因素。例如，我们从车厢中扔出一个玻璃瓶，向前扔比向后扔更容易摔碎，因为前者的速度比后者要快。

由此可知，假如你有必要半途中从车上跳下，而且需要先把行李丢下去，那应该先把行李向后方丢出去，然后自己向前方跳下去，当然最好还是不要在半路上跳车。

对普通人来说，向前跳无疑是最好的选择，因为普通人很难碰到需要跳车的情况，平时没有什么跳车的经验。因为工作的原因，过去的火车乘务员和公交车检票员这类人有着比较丰富的跳车经验，所以他们选择的跳车方法与普通人自然有所不同，一般是这样的：面对着车子的行驶方向，即面对着车头，然后向后跳。这种跳车动作有两方面好处：首先，跳车方向与车子前进的方向相反，此时身体速度会减小。其次，跳车时，人可能会跟随车子向前进的方向摔倒，当人面朝车头时，摔倒时更容易趴着，能够尽量避免危险系数更高的仰摔动作。因此，他们的动作是最安全的。

徒手抓子弹

战争时期，一名法国飞行员竟然徒手抓住了一枚子弹！

这则报道曾经刊载于某份报纸上，具体描述如下：

当飞行员在2000米的高空飞行时，发现自己脸旁飞着一只很小的“小飞虫”，便一伸手将它抓在手里。现在请你想想这位飞行员该有多么惊讶吧，他发现自己抓到的竟然是——一枚子弹！

好像传说中曾经有人赤手空拳地抓住炮弹一样，这种不可思议的新闻实在令人难以置信。

那么，事情是真的吗？如果用物理学原理来解释，只要满足一定的条件就能成立。

众所周知，单凭肉眼很难看到子弹的轨迹。它的速度非常快，刚射出时，甚至能够达到800-900米/秒。在空气中飞行时，子弹会因为空气的阻力而逐渐降低飞行速度，最终减慢至大约40米/秒。这名法国飞行员的飞行速度可能也是大约40米/秒，和子弹的速度相差无几。此时，子弹与飞行员之间很可能是完全静止不动或在缓慢移动的关系，巧合随之出现。飞行员把子弹看成小飞虫，并且伸手一把抓住。而且，他戴着厚厚的手套，根本感觉不到子弹在飞行过程中产生的高温。由此可见，这类徒手抓住飞行中子弹的新闻还是具有很高的新闻价值的。

西瓜炮弹

上一节说的子弹其实已经毫无危险性了，不过我们仍然必须重视另一种极端情形。例如，扔出去一个毫无威胁性的西瓜、苹果，或者一枚鸡蛋，在一定条件下，也有可能造成毁灭性的后果。

1924年，在国外举办的一场汽车拉力赛上，就曾发生过一起西瓜伤人的事件。附近的农民向行进的汽车快速投掷苹果、西瓜和香瓜，希望能够扔到参赛司机的手里。他们只是为了表达自己喜欢参赛汽车，表达自己的美好心意，结果却出人意料：有的水果砸瘪、砸毁了车子，导致翻车的严重事故；有的水果把司机或乘客弄成了重伤。

真是太可怕了！表示“友好”的水果为什么会变成和炮弹一样的“危险武器”呢？物理学中的动能可以做出一个简单的解释：参赛汽车自身的速度加上水果的速度产生了破坏力极大的动能。

可以根据一个公式来计算一下：一个4千克重的西瓜，扔向一辆正在以120千米/小时的速度飞驰的汽车，此时，西瓜所具备的动能和一枚仅有10克重量的子弹所具备的动能相差无几，它变成一枚伤人的炮弹也就在情理之中了。因为西瓜难以比拟子弹的硬度，所以它在上述情形中也不会具备子弹的穿透力，否则可真就成了名副其实的“炮弹”（图20）。

图20 投向飞快行驶的汽车的西瓜会变成危险的“炮弹”。

随着人类科技的进步，飞机现在能够高速飞行于大气层的上层，甚至达到大约3000千米/小时的飞行速度，这已经达到一枚刚射出子弹的速度了。在飞机运行速度如此快的同时，我们要小心“西瓜炮弹”之类的危险品，因为即使是一只小鸟，在碰到高速飞行的飞机时，都会变成杀伤力巨大的“炮弹”，更何况是其他东西呢！假设有这样一种情况：一架飞机正在高速飞行，另一架飞机上掉落了几枚子弹，但并没有落在该飞机的正面，即使如此，它的破坏力也超乎想象。因为这架飞机正在高速飞行中（几乎等同于一枚高速飞行的子弹），此时与掉落的子弹相撞，所遇到的危险性等同于拿着机关枪对着飞机在扫射。

如果子弹跟在飞机的后面，或者与飞机保持相同的速度飞行，而非掉落在飞机上，那么飞行员徒手抓住一枚子弹的情况便会再次出现，这时的子弹也就没有任何危险性了。

与此同理，两个以差不多的速度朝着相同方向前进的物体几乎相对静止，即使发生碰撞，也不会产生严重后果。1935年，有一个聪明的火车司机利用这个原理，驾驶火车成功拦住另外一列火车，避免了一次严重事故。当时，具体情况如下：

聪明司机驾驶着一列火车正常行驶，此刻在这列火车的前方，还有另外一列火车也在行驶（姑且称第二列火车的司机为马虎司机吧），可是聪明司机并不知情。马虎司机因为蒸汽动力不足，便把火车停了下来，将摘下来的后面30节车厢暂时留在铁轨上，只开走了火车头和前面几节车厢。因为车厢的位置恰好是一个斜坡，铁轨很滑，留在上面的车厢也没有放垫木，所以30节车厢以大概每小时20千米的速度从斜坡上滑了下来，即将与聪明司机的火车相撞。

千钧一发之际，聪明司机急中生智，立即停下了自己的火车，然后开始倒车，并逐步调整倒车速度至与滑行车厢的速度差不多。相对他的火车来说，那30节滑行车厢的速度等于变慢了。最终，聪明司机不仅牢牢承接住30节失控的车厢，还保障自己车厢里没有一位乘客受伤，没有一件物品受损。

利用相对静止的原理，人们在生活中发明了不少应用装置。例如，在火车行进时，纸和笔会随着车轮和铁轨之间产生的震动而一同震动。要想在这种情况下写字很难，即使勉强写出字来，也肯定不好看。现在有了一种新的装置，设计理念就是方便人们能够在行驶的火车上写字。它利用相同的速度下相对静止的原理，让笔和纸能够同时接受火车的震动，此时笔和纸就是相对静止的，再写字就不会有任何困难了，像是在静止的桌子上写字一样。

如图21所示，新装置的工作原理如下：将握着笔的手绑到一块小木板上，小木板能够借助于一个槽微微滑动，然后将这个槽则固定在木框上。需要写字时，把木框放在车厢的小桌子上，此时木框上的纸所受到的震动可以通过槽传给绑着手的木板，继而传给握笔的手，然后才是笔。因为笔尖和纸的震动几乎同步，所以两者相对静止，再加上手部灵活自如，写字就变得简单又方便。

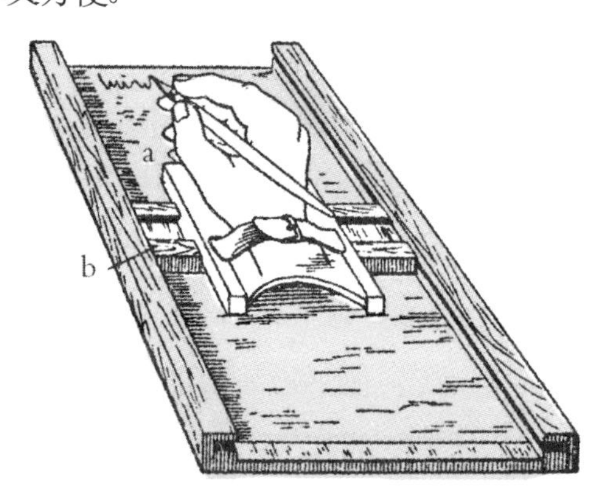

图21 帮助人们在行驶的火车上写字的装备。

当然，有利也有弊。眼睛看纸的时候，头也受到了震动，头的震动和手的震动不同步，无法保持一个相对静止的状态，因此在行驶的车子上写字还是不怎么方便。

在台秤上站着

大家都知道，只有身体保持直立，双脚站在台秤的平台上时，我们才能得到准确的体重。不知道你有没有观察到一种现象：你只是弯了一下腰，但台秤上显示的读数在这一瞬间低于你的实际体重。

为什么呢？原来，肌肉在上身向下弯曲的同时会向上提升下体，使得向台秤支点所施的压力减轻。与此相反，当你伸直上身的时候,肌肉又会使下体对平台所施的压力增加，台秤就会跟着指出重量增加了。

一个灵敏的台秤显示的读数会随着你稍微举了一下手而增加。因为你在举手的时候，附着于肩头的肌肉会把肩头向下压，此时台秤平台所受的压力也随之增加，但肌肉又会在你把举起来的手停在半空中时反作用于肩头，将肩头提升，减少对台秤平台的压力，此时显示的读数自然要小于你的实际体重。

反过来，台秤显示的读数会在你把手迅速放下来的时候减小，但当你的手完全放下后，读数又会随之增大。

物体在哪些地方会更重

地球上的一切物体都会受到地心引力的作用，地心引力会随着物体的抬高而逐渐变小。例如，把一个1千克重的砝码拿到距离地面6400千米的高度，此时，砝码离地球中心的距离是地球半径的2倍，意味着这个砝码和地球之间的引力只有在地面时的$\frac{1}{4}$。从另一方面来讲，这个1千克重的砝码，如果被放置于6400千米的高空中去称的话，它的重量只有0.25千克。由万有引力定律可以得知，要想计算地球和物体之间的万有引力，我们时常把地球的质量集中于地心位置，因为此时万有引力与距离的方向成反比关系。在刚才这个例子中，砝码距离地心的距离是地球半径的2倍时，万有引力就是原来的$\left(\frac{1}{2}\right)^2$，即$\frac{1}{4}$。同理，砝码如果距离地心的距离是地球半径的3倍，即把砝码拿到离地面12800千米的高空中时，万有引力只有原来的$\left(\frac{1}{3}\right)^2$，即$\frac{1}{9}$。当处于这个高度时，再去称砝码的重量，只有111克。

那么，我们是否可以得出一个结论：物体离地心越近，它所受到的引力就越大？

同样以砝码为例，如果结论成立，那么，一个砝码在地下越深的地方，重量会越大。遗憾的是，这只是我们的臆断。与此相反，物体在地下越深，它的重量不是越大，反是越小了。这个现象应该如何解释呢？

如图22所示，在地面以下，对物体产生引力的物质微粒并不是在物体的某一方向之上，而是把物体包裹于其中的各个方向。由图示可知，在地面以下的砝码，既要受到砝码下部的地球微粒对它的吸引，还要受到砝码上部的地球微粒的吸引，同时受到了两个力的作用。

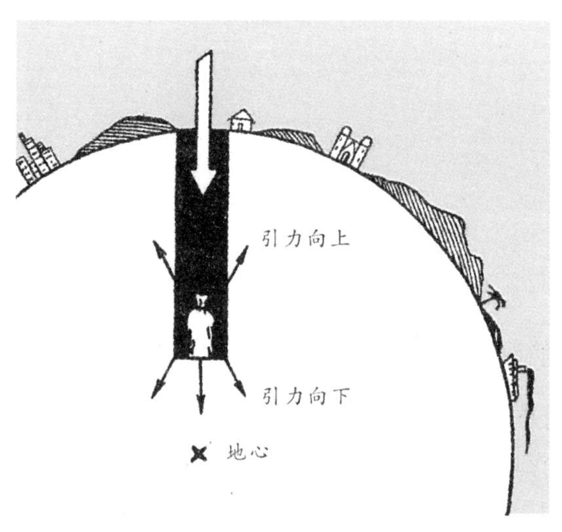

图22 砝码在地面以下的受力分析图示。

需要注意的是，真正作用于地面以下的物体身上的引力，只有物体下面的球体，球体的半径与物体和地心之间的距离是相同的。因此，它的重量会随着物体与地心距离的不断接近而逐渐缩小。如果物体的位置在地心，它会完全失去重量，因为此时四周的地球微粒对物体产生的引力完全相等。

所以，无论是升上高空，还是深入地下，物体的重量都会变小。只有在地面上，物体的重量才是最大的（在此，我们假设地球的密度是相等的。当然，实际情况是，越靠近地心的地方，密度越大。所以，物体深入地下之后，它的重量会先增加到一定值，然后变小）。

物体下落时的重量

电梯开始下落的时候，我们经常会涌现一种恐惧感，感觉身体突然轻飘飘的，似乎正向深渊坠落。乘过升降电梯的人都曾有过这种体验。

其实，这就是失重的感觉：电梯开动的一刹那，你脚底下的电梯地板突然下落。而此时，你却无法立刻产生与电梯相同的速度，你的身体几乎没有压到地板上，体重就会非常小。你在匀速下落的电梯上做的是自由落体运动，所以下一个瞬间，你的体重很快就会压到地板上，“失而复得”的体重对地板的压力也会变回常态，恐惧感自然随之消散。

我们来做一个实验，在弹簧秤下端悬挂一个砝码，使二者迅速下落，注意弹簧秤上的读数（为了观察方便，可以在弹簧秤的缝隙里加塞一小块软木，注意软木的位置变化）。我们会发现，在弹簧秤与砝码一起下落的时间里，它所指示的数值远远小于砝码的实际重量！如果松开手，让它们从高处自由落下，假设我们可以在下落途中观察到弹簧秤所指示的数值，就会发现一个令人惊讶的现象：砝码在自由下落的时候竟然一点儿重量都没有，弹簧秤的读数是“0”！

无论多重的物体，在自由下落的时候，它的重量都会变得非常小。那么，究竟什么叫“重量”呢？重量就是物体对它的支点所施的压力，或对它的悬挂点所施的下拉力。但是，自由下落的物体对弹簧秤没有任何下拉力，因为弹簧秤也一起下落。一个物体自由下落的时候，既没有拉着什么东西，也没有压着什么东西，所以它的重量为“0”。

早在17世纪时，力学理论的奠基者伽利略就曾说过：“我们感觉到肩头上有重荷，是在我们不让这个重物落下的时候。但是，假如我们跟我们肩上的重物一起以同样的速度向下运动，那么这个重物怎么还会压到我们呢？这就跟我们想用手里的长矛刺杀一个人，而这个人却跟我们一起以同样的速度奔跑的情形一样。”

要想证明这个理论的正确性，我们可以做这样一个实验。

如图23所示，将一把铁钳置于天平的一端，钳子的一条腿平放在盘面上，另一条腿用细线挂到天平上部的挂钩上。为了保持天平的平衡，我们在另一端放上合适的砝码。现在，用一根燃着的火柴把细线烧断，原来挂在钩上的一条腿落到了盘上。

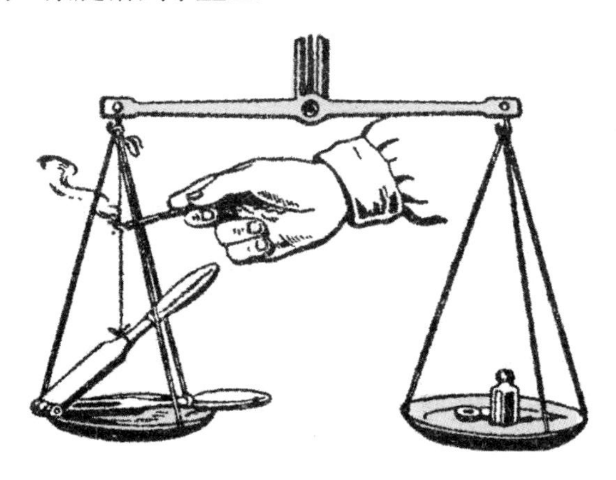

图23 著名的罗森堡实验。

那么，天平两端在这条钳腿下落的瞬间会发生什么样的变化呢？尤其是放置铁钳的一端，在它下落的瞬间是会上升、下沉，还是会保持不变呢？

如果理解了前文分析的内容，一定能够选出正确答案：放置铁钳的这一端会上升。

因为，虽然两条腿是连着的，但与静止不动的时候相比，挂起来的那条腿对托盘上的那条腿产生的压力在下落瞬间要小很多。所以，在那一瞬间，托盘随着铁钳重量的减小自然而然地升起来一下，这就是著名的罗森堡实验。

从地球到月球

作家儒勒·凡尔纳[1] 在他的科幻小说《从地球到月球》中，提出了一个在当时看起来十分大胆的想法：用炮弹把一个活人送到月球上。他对这个想法描述得非常逼真，以至于很多读过这篇小说的读者会想，这个想法真的只是幻想吗？光是想想就觉得很有趣呢！

那么，能不能让一枚射出的炮弹一直向前飞，而不是飞行一段时间后落回地球呢？从理论上讲是可以的。因为有引力的存在，炮弹被地球“吸引”，不能一直保持直线飞行，飞行路线必须向下弯曲。但同时，炮弹飞行的路线比地球表面弯曲的程度大得多，导致它终究会落到地面。假如改变炮弹行进的路线，使它跟地球表面弯曲的程度一样，那么这种炮弹永远不会跌回地面！它要依地球的同心圆绕着地球运动，如同地球的卫星，变成第二个月球。

那么，怎么才能使炮弹的飞行曲线和地球表面的弯曲程度保持一致呢？其实，只要炮弹的飞行速度足够大就可以。如图24所示，我们将炮弹

1.儒勒·凡尔纳(1828-1905)，法国作家，著名科幻小说、冒险小说作家，被誉为“现代科幻小说之父”。在本系列丛书中，作者对其作品多有引用。

放置于山峰上的点A。将炮弹向水平方向射出，在不考虑地球引力的情况下，一秒钟后可以飞到点B。但在地球引力的作用下，炮弹飞行1秒后到达的是点B下方5米的点C，而非点B。由前面的分析可知，“5米”这个数字，是每个自由下落物体在真空里受到地球引力作用在第一秒钟里所落下的距离。那么，我们可以假设，炮弹在这一秒的时间里，是沿着地球的同心圆飞行的，即点A到地球的距离和点C到地球的距离是相同的。由图可知，线段AB的长度就是炮弹在一秒钟的时间里飞行的距离。这时候，我们就得到可以保证不落到地球上来的炮弹的飞行速度。

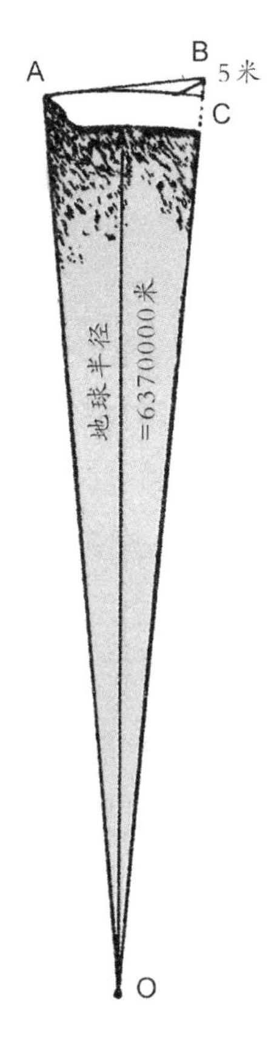

图24 让炮弹脱离地心引力的速度计算图。

在三角形AOB中，假设OA是地球半径，约等于6370000米，BC=5米，OA=OC，那么可知，OB=6370005米。利用勾股定理 $\overline{AB^2}=\overline{OB^2}-\overline{OA^2}$ 我们可以轻松计算出线段AB的长度是8千米。

因此，在忽略空气阻力的前提下，当炮弹的飞行速度达到每秒8千米时，便可以绕着地球旋转飞行，永远不会落下来。

现在我们来假设一下，当炮弹的飞行速度大于每秒8千米时，会飞到什么地方去呢？天体力学证明，如果飞行速度超过每秒8千米，达到每秒9千米或10千米的话，炮弹射出后，会绕着地球沿一个椭圆飞行，炮弹的初速度越大，椭圆轨道的长轴就越长。如图25所示，炮弹的飞行轨迹在飞行速度达到每秒11千米以上的时候，飞行轨迹就变成不封闭的“抛物线”或“双曲线”，永远离开地球了。

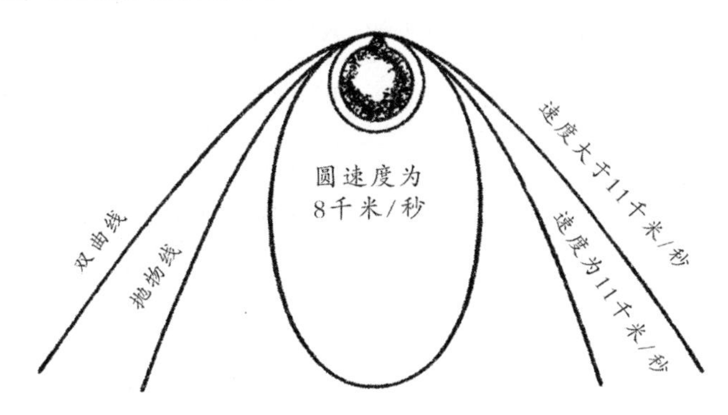

图25 当飞行速度达到11千米/秒时，炮弹的飞行轨迹就不再是封闭的了。

现在，通过前面的分析，我们已经知道，想乘坐炮弹去月球旅行理论上很简单，只要炮弹的飞行速度足够大就可以，但这都是建立在忽略空气阻力的前提下，如果存在空气阻力，炮弹很难达到那么高的速度。

凡尔纳描述的月球旅行

儒勒·凡尔纳的幻想小说举世闻名，许多读者都会回味其中的有趣情节，比如当炮弹飞过地球引力与月球引力相等的那一点之后，炮弹里面的一切东西都会失去重量，乘客们只要一跳就会悬空，不用担心落下来，就像在童话王国一样。

我们现在已经知道上面的情节可以真实存在，但是，小说家忽略了一点，炮弹里的人和物体在刚飞出的时候就已经完全没有了重量，并不是经过那个特定点以后才发生的。

这一点似乎令人难以置信，但经过仔细思考以后，仿佛大梦初醒似的，奇怪自己看小说的时候，为什么没有注意到这个如此大的疏忽。

继续以儒勒·凡尔纳的小说为例，你一定记得其中的一段情节：

被“炮弹车厢”里的乘客扔出去的那条狗的尸体，并没有落向地面，而是不可思议地继续与炮弹同向飞行！

小说家给这个正确的场景做了正确的解释。

众所周知，在地球引力的作用下，所有物体的加速度相同。所以，在真空环境中，所有物体以相同的速度下落。换句话说，炮弹中的乘客在炮弹发射时，由于重力作用，会拥有始终一样的速度，所以炮弹和狗尸体在飞行轨迹上的每一点都具有相同的速度。也就是说，即使被扔出去的狗尸体，也会保持着同样的速度，与炮弹并驾齐驱，同向而飞。

但下面的一个细节却被作者忽略了：既然被扔到炮弹外面的狗尸体没有落到地上，为什么在车厢里面却能跌落呢？它受到的作用力无论在炮弹里面还是外面，都应该是保持不变的！所以，狗尸体在炮弹里面的时候应该悬浮于空，因为它的速度与炮弹完全相同，在与车厢的相对关系上，它停留在静止状态。

这个原理适用于炮弹里的所有人和其他物体：所有物体在位于飞行轨迹上的每一点时，速度都是相同的，即使停留在没有支撑物的地方也不会下落，更不会浮起。原本放在炮弹车厢地面上的一把椅子，可以四脚朝天地“放到”天花板上，完全不会跌下来，因为它需要跟着天花板同速前进。同理，炮弹里的人也可以头朝下坐在椅子上，不用担心摔下来，没有作用力能使他下落。只有炮弹速度比人快时，他才会从椅子上摔下来——但炮弹和它里面所有东西的加速度相同，所以根本不可能发生。

在作者的想象中，虽然炮弹里的物体与炮弹一同飞行，但像炮弹没有飞行时一样，需要一个支撑点，这等于忽略了我们上面所说的内容。他没有考虑到，支撑点保持静止时，物体才对其有压力，或者虽然二者同时在移动，但速度不同才会导致压力存在，而二者速度相同时压力是不存在的。

我们可以说，从炮弹开始飞行的一刹那，炮弹里的人就失去了重量，可以自由停靠了。同理，炮弹里的其他东西也都失去了重量。此时，炮弹里的人可以依据这个特点来判断，自己究竟是在跟着炮弹一同飞行呢，还是仅仅待在一动不动的炮弹里？但在小说中，即使已经飞行了半个多小时，乘客们仍然没有弄清自己是不是在飞行，还热烈地讨论着这个问题。关于这点，书中有一段描写：

“尼柯尔，我们已经起飞了吗？”

尼柯尔和阿尔唐面面相觑，他们一点儿都没有感觉到炮弹在震动。

“是呀！我们到底有没有在飞行？”阿尔唐又问了一遍。

“我们是不是还静静地停在佛罗里达的地面上，压根就没起飞？”尼柯尔反问道。

“也许我们到墨西哥湾的海底下了？”米歇尔幽默地补充了一句。

我们可以理解轮船上的乘客发出这样的疑问，但对自由行进的炮弹里的乘客来说，不可能会有这种疑问。因为，轮船上的乘客可以感受到重量，而炮弹里的乘客肯定能感受得到自己是不是失去了重量。

在这个幻想的炮弹车厢里，可以看到各种各样奇怪的现象，一切东西失去了重量，手中放开的物品停留在原来的位置，无论什么物品都保持着平衡，连打翻的瓶子都不会流出水……而这一切细节都被忽略了，否则它们会给这位小说家提供多么丰富的写作材料啊！

用不准确的天平测量出准确的重量

想得到正确的称量，天平和砝码哪个更重要？

可能你认为二者同样重要，但实际上，即使天平不准，我们也能用正确的砝码测量出正确的重量，而且方法很多。

下面我随意列举其中两种方法：

第一种方法是由俄罗斯化学家门捷列夫提出来的，叫作“恒载量法”，也叫作“门捷列夫称量法”：先找一个比称重物重一些的物体，放在天平的一个托盘上，另一个托盘上放上砝码，使天平两端平衡。接着，在放置砝码的那一端放上称重体，这时放置砝码的一端很明显要重一些。然后开始减少砝码，让天平重新恢复平衡。这时，我们都知道，称重物的重量就是拿下来的那些砝码的重量，因为称重物替代了之前的砝码，它们的重量相同。这个方法可以在不动原来物体的基础上，很快地称出称重物的重量，非常适用于需要一连串称量几个物体的情况。

第二种方法叫“替换法”：在天平一端放置需要称重的物体，然后慢慢往另一端倒沙子，直到天平两端平衡为止。接着，把称重物拿下来，注意不要动沙子，然后往空着的这一端放砝码，直到天平重新恢复平衡。这时，称重物的重量就是砝码的重量。

刚才的两种方法都证实了一点：用不准的天平也能准确地测量出物体的真实重量。

实际上，用不准的弹簧秤也可以做到这一点，但前提是砝码一定要准确。先用这个弹簧秤对物体进行称重，记录显示的刻度，然后放下物体，开始往弹簧秤的秤盘上逐渐加砝码，一直加到记录的刻度为止，那么称重物的重量就是此时砝码的重量。

我们的力量究竟有多大

如果你一只手最多能提起10千克重的物体，是否意味着你的手臂肌肉的力量是10千克呢？当然不是！你的肌肉的力量要比这强得多！

请注意你手臂上的肱二头肌，如图26所示，它固定在前臂骨这个杠杆的支点附近，但当我们提东西的时候，却是杠杆的另一端在发挥作用。从重物到支点（关节）的距离，大约是从肱二头肌端到支点距离的8倍。通过杠杆原理，我们可以得知，当你可以提起10千克的物体时，肱二头肌能拉起的重量则是80千克。因此，肌肉的拉力是手臂拉力的8倍。

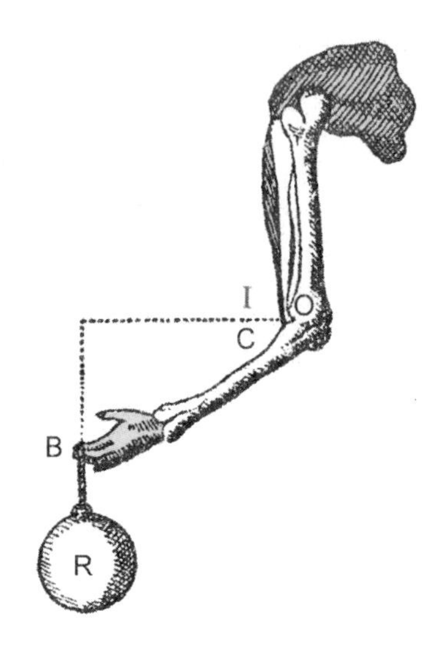

图26 人体的前臂骨（C）属于第二类杠杆。起着关键作用的二头肌作用于关节（O），重物R的作用点在手指（B）。BO的距离（杠杆的长臂）大约是IO（杠杆的短臂）的8倍。

所以说，我们的力量要比自己认为的大很多倍。

你可能会感到很疑惑，那么多的力量去哪儿了？而且从手臂的结构看起来似乎不太合情理。根据力学上古老的“黄金法则”很容易解释：凡在力量上吃了亏的，都会在移动距离上得到弥补。

也就是说，我们通过消耗大量的力量，换取了双手的快速移动。动物身体内部的特殊构造可以保证四肢的快速移动，这在它们的生存方面远比力量重要。如果人类的手脚不是这样，就会是行动非常缓慢的动物。

为什么尖锐的物体更容易刺入

为什么缝衣针或其他细针可以轻而易举地穿透绒布、纸板，或其他同类物品，而使用钝头的钉子却很费力？难道使用缝衣针和钉子所作用的力不一样？

所作用的力当然是一样的，但实际上所产生的压力强度（压强）是不一样的。因为针尖的面积实在是太小，比钉子头小，用针穿物体的时候，所有力都集中于这一点，产生的压强要大很多。

例如，我们有20齿和60齿的两把耙，因为20齿的耙每个齿分配的力量更大，在耙地时会比60齿的耙耙得更深。

所以，我们在说压强的时候，除了力量，还要重点注意这个力量所作用的面积。同样的力量作用在1平方厘米上，与作用在$\frac{1}{100}$平方毫米上，产生的压强有天壤之别。

滑雪的时候，要想保证自己不陷入松软的雪地里，我们必须借助雪橇行走，因为身体压力被雪橇分散，作用到面积更大的地方。如果雪橇的面积是我们所穿鞋子的20倍，那么此时作用于雪橇上的面积就是两只脚单独站立时的$\frac{1}{20}$，要小很多。所以，站在雪橇上时，通常不会陷入雪中。

同理，那些在沼泽里工作的马，马蹄上都拴着一种“马靴”，可以扩大马蹄与地面的接触面积，通过减小沼泽地面所受的压强，保证马不会轻易陷入其中。在有些沼泽地里，人类也是这样做的。

如果不得不在一片薄冰上行走时，一定要匍匐前进，增大身体与冰面的接触面积，尽量确保顺利通过。

这种采取扩大接触面积，保证在松软土地上前进的方法，还被应用于大型坦克和履带式拖拉机上。通过计算可以得知，一辆超过8吨的履带车，对每平方厘米地面的压力小于0.6千克，可以轻松地在沼泽地中行驶。即使装载2吨的货物，依然可以正常行驶，此时它对每平方厘米的压强也不过0.16千克。

在日常工作中，我们有时需要接触面积足够大，有时又需要接触面积足够小，人类的聪明之处就在于可以灵活选择。

通过上面的一些事例可以得知：因为力量集中到很小的面积上，所以尖锐的东西可以轻松地刺进物体里。同理，因为力量作用的面积非常小，所以锋利的刀子比钝刀子更容易切开物体。也就是说，尖端与锋刃集中了比较大的压力，非常容易刺进或切割物体。

好像深海怪兽

我们喜欢坐光滑的椅子，会感觉很舒适；如果是粗糙的椅子，就会觉得不舒服，这是什么原因呢？还有，为什么睡在用非常硬的棕丝编成的吊床，或钢丝床上时，会觉得不舒服呢？

其实，这并不难理解，坐在粗糙的椅子上时，由于它表面凹凸不平，减少了与身体的接触面积，身体重量只能集中在很小的面积上；而光滑的椅子与身体的接触面大很多，同样的身体重量，自然是分散到比较大的面积上时压强会小一点。

那么，怎样才能平均分配压力呢？

如果我们躺在柔软的床褥上，褥子就变成跟身体凹凸轮廓相适应的样子。此时，体重平均分配在床褥上，每平方厘米的身体表面积只分配了几克的重量，所以躺下去感觉非常舒服。

曾经有人计算，成年人的体表面积大约有20000平方厘米，即2平方米。

假设我们的体重是60千克，躺在床上的时候，身体和床的接触面积是0.5平方米（体表面积的$\frac{1}{4}$）。此时，我们可以通过计算得知，每平方厘米面积上的重量仅仅为很小的12克。但是，当我们躺在硬板上的时候，接触面积会变得很小，顶多有100平方厘米，那么，每平方厘米上的重量达到600克，比12克大50倍，这种巨大的差别正是导致我们感觉不舒服的主要原因。

即使是一个非常硬的地方，只要我们的体重能平均分配到一个较大的面积上，怎么都会感到很舒适。例如，你躺在一片松软的泥土上，印出自己的身形，然后等它变得和石头一样硬的时候，在同样的位置，以同样的姿势，再躺下去，尽量与之前印出的形状吻合，仍然会感觉很舒适，完全感受不到硬，跟躺在鸭绒床垫上一样（这里设定泥土干燥后没有收缩）。

这种情形与罗蒙诺索夫写过的一首诗相仿，那是一首关于深海怪兽传说的诗，其中几句如下：

横卧在尖锐的石块上，
它丝毫不在意这些石块的坚硬，
这伟大力量筑成的堡垒，
它只当作柔软的泥土。

深海怪兽庞大的体重被很大的接触面积平均分配，所以它感觉不到石头的坚硬。

Chapter 3

介质受到的阻力

子弹和空气

我们都知道，子弹在飞行时会受到空气的阻碍，那么，这个阻力究竟有多大呢？恐怕知道的人很少。大多数人可能以为，空气是一种柔软、轻薄的介质，平时几乎察觉不到，对子弹没有多大阻力。

事实绝非如此。如图27所示，图中的大弧线为子弹在没有空气阻力时的飞行轨迹，在它被射出的一刹那，发射仰角为45°，速度大约620米/秒，即飞行高度为10千米，飞行的直线距离为40千米。但是，在受到空气阻力以后，它的飞行轨迹就只有4千米了。由图可知，4千米长的小弧线与大弧线相比，几乎看不到什么，空气阻力对子弹产生的影响竟然这么大！如果没有空气，子弹可以飞行40千米（高度达到10千米），能够轻松射击距离很远的敌人。

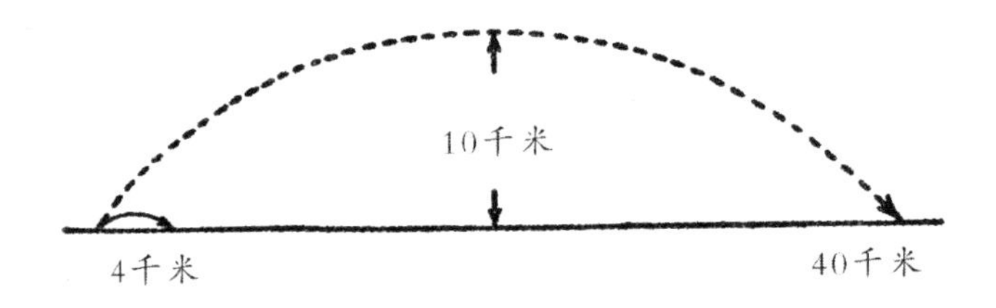

图27 大弧线是子弹在没有空气阻力时的飞行轨迹。小弧线是子弹在空气中的飞行轨迹。

超距离射击

1918年，第一次世界大战即将结束时，德军迎着英法联军的猛烈空袭，使炮弹通过一种特殊的炮击方式，射到距离前线110千米的法国首都巴黎。

这种特殊的炮击方式是德军偶然发现的，之前从来没有人能把炮弹发射那么远。一开始，德军只想将炮弹打到20千米之外，却意外打出40千米的距离。原来，只要炮弹的初速度足够大，并且沿着大角度向上射入高空，使其到达空气稀薄的高空大气层，那里的空气阻力非常小，可以飞行很长一段距离才下落。

如图28所示，炮弹不同的发射角度可以导致差别巨大的飞行路线。

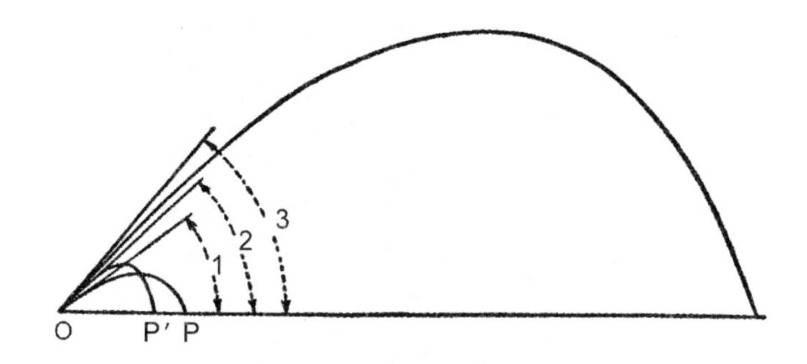

图28 炮弹在不同发射角度中所呈现的飞行路线变化示意图。

如果图上角1的方向就是炮筒的射角，那么点P就是它的着陆点；如果角2的方向是射角，那么点P′就是它的着陆点；如果角3的方向是射角，那么此时炮弹就已经进入空气稀薄的平流层了，它的射程会大很多倍。

德军借助这个“奥秘”，最终发明了可以轻而易举轰击115千米之外巴黎的远程射击炮弹。据记载，仅在第一次世界大战期间的1918年夏天，德军就向巴黎发射了300多枚这种炮弹。

接下来，我们来分析一下这种炮弹的基本数据：这是一根很大的钢筒，全长34米，粗1米，炮筒下部壁厚40厘米。炮重750吨，炮弹重120公斤，长1米，粗21厘米。装药要用150公斤的火药，可以产生5000气压的大压力，因此能够使炮弹以2000米/秒的初速度发射出去。52°是炮弹的发射角度，它的发射线路构成了一个很大的弧线，弧线的最高点离地面大约40千米，进入了平流层。炮弹从阵地射到巴黎的全程115千米之内，大约花费了3.5分钟，其中有2分钟是在平流层里飞行的。

图29 超远程炮弹。

这就是世界上的第一座远程炮，它为现代超远程炮奠定了发展基础。

子弹（或炮弹）受到的空气阻力会随着初速度的增加而增加，但是阻力变化得更快一些，所以它们之间也并不是简单的成比例关系。我们可以这么认为：它们之间的比例关系与初速度息息相关，并与初速度的高次方成比例关系。

纸风筝能够飞起来的原因

你是否曾经想过，我们小时候都放过的纸风筝为什么能够飞起来呢？

飞机在天空中飞，槭树的种子随风飘散至远方，原始人使用的飞旋标随风转动……这些现象与纸风筝飞起来的原理具有相同的性质。

追根究底，它们是充分利用了空气阻力。空气对所有物体一视同仁，不仅能给前面提到过的子弹、炮弹带来空气阻力，也能给纸风筝、飞机和槭树种子等物体带来空气阻力。正是因为如此，它们才可以在空中慢慢飘浮或飞行。

接下来，我们就来讲解一下其中的奥秘。如图30所示，线段MN代表纸风筝的截面，风筝随着我们的牵动奔跑而向前移动，但因为它本身也是有重量的，所以开始时只能斜向飞行。我们假设它从右向左倾斜，角a代表风筝所在的平面和水平线之间的夹角。此时，风筝会受到以下几个力的同时作用：用OC来表示空气给予的阻力，该空气阻力与风筝的截面是垂直的关系，所以OC垂直于MN。我们又可以把OC分为OD和OP两个力。其中，OD带给风筝一个向后推的力，使风筝的速度降低；而OP带给风筝一个向上拉的力，用来抵消风筝的重量，如果OP足够大的话，那么风筝就会飞向高空。这就是风筝飞起来的基本原理。

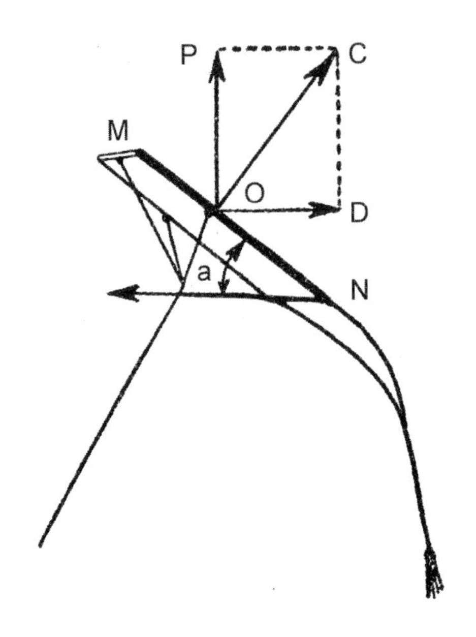

图30 纸风筝的作用力图示。

飞机也是因为这个原理飞起来的。但是，此时拉动飞机的动力不再是人给的了，而是由飞机上的螺旋桨或发动机所提供的。我们来简单解释一下飞机飞起来的原理：空气阻力的影响与螺旋桨或发动机使飞机向前运动的力同时作用，飞机就不会掉下来，而是会向上飞。

活着的滑翔机

通过前面的学习，我们可以得出一个结论：飞机并非如同人们想象的那样，是模仿鸟儿的飞行而制造的，其实它的模仿对象是鼯鼠或飞鱼。但这些动物的飞膜（也称翼膜）并不是为了飞得更高（飞行上的术语为“滑翔下降”），而是为了跳得更远。图30中的力OP只对它们的重量起到减轻的作用，并不能抵消，因此它们可以从高处做长距离的跳跃（图31）。上面提到的鼯鼠可以跳出20-30米的距离。另一种生活于印度、状如家猫的巨大鼯鼠，飞膜展开时直径可达半米多。借助飞膜，它能轻松跳出50米的距离。还有一种鼯鼠，生活于菲律宾群岛，甚至可以跳出大概70米的距离。

图31 会滑翔的鼯鼠可以从高处跳出20~30米的距离。

没有发动机却能飞的植物

很多植物也可以利用滑翔的原理将种子散播出去，当然，它们的种子的形状比较特殊，如蒲公英、婆罗门棉等，全都长着跟降落伞一样的一束束长毛。还有槭树、针叶树、榆树、白杨树、白桦树、椴树和许多伞形科植物，也都是利用这个原理散播种子。

图32 像伞一样的婆罗门参果实。

有一部书叫《植物的生活》，书中写道：

在晴朗的日子里，即使没有微风，垂直上升的空气流也会把许多果实和种子送到高空。等到太阳落下山以后，它们又会悄悄滑落。这种在空中进行的短暂飞行，不仅能够帮助植物的果实和种子分散得更广阔，还能让它们飞上悬崖峭壁，在缝隙里生长发育。要知道，除了这种方法，它们的种子可没法落到那些地方。如果有风吹来，借助水平方向的空气流，果实和种子又随之飘扬，一直飘到很远很远的地方。

有些植物的"翅膀"或"降落伞"并不是一直依附于种子上，在飞行的时候能与种子自行分离。例如，有些蓟类植物的种子在空中飞舞时，如果碰到障碍物，"降落伞"就会脱离种子。没有了"降落伞"，种子很快跌落在地。从以上现象我们可以知道，为什么在墙壁和篱笆上常常生长着此类植物。当然，也有一些植物的"降落伞"始终系在种子上。

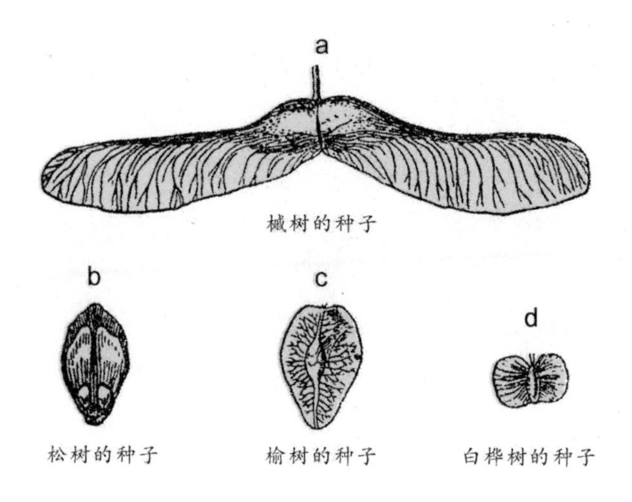

图33 几种类似“降落伞”的植物种子。

在许多方面，这些植物的“翅膀”或“降落伞”甚至要优于我们制造的滑翔机。它们不仅能够带起比自身重得多的种子去飞行，还能自动调整飞行姿势，即使碰到什么东西，也会慢慢落下去，而不是遭遇一场“翻车”事故。当你特意将其倒过来时，它们甚至会自动调整，把身体再转回来。

开伞跳伞的时间延迟

在不打开降落伞的情况下，跳伞运动员从10千米的高空中跳下，到下落至几百米的高度再拉开降落伞缓缓落下，真是太勇敢了！

许多人会认为，就像在真空中下落一样，不打开降落伞下落不会受到空气阻力的影响。如果这个想法成立，那么延迟开伞跳伞的时间会比实际所需的时间要少得多，最后达到的速度也会比较大。

但是，下落的速度还是要受到空气阻力的影响。有一点需要特别注意，空气的阻力随着速度的增加而不断增加，而且增加得极快，在很短的时间里，速度便无法再提升了。因此，如果运动员在一开始不打开降落伞的情况下下降，他的速度在最初的十几秒内确实是会不断增加的，到了最后，又会变成匀速运动。

借助力学知识，我们可以大概描绘一下延迟开伞跳伞的景象。一开始，在没有打开降落伞的最初12秒钟里（有些较轻的运动员甚至达不到12秒），运动员下落了400-450米的高度，下降的速度在增加，此时大概能达到50米/秒。但在此之后，即使没有打开降落伞，他也会维持这个速度下降，不会再增加了。同理，水滴下落也是一样的，最大的区别就是，水滴一开始加速下落的时间大概不到或仅仅只有1秒钟。换句话说，水滴下落时达到的最高速度是每秒2-7米，而且水滴越大，速度就越大。当然，这与延迟开伞跳伞还是有一定差距的。

飞去来器

原始人类发明的最高级武器大概就是飞去来器了。在相当长的一段时间里，科学家们也觉得迷惑，解释不了它的原理。如图34所示，这种东西扔出去后的飞行路线，真是太奇怪了！

图34 原始人类使用飞去来器捕食猎物。

图中的虚线是飞去来器的行进路线（没有击中目标）。

当然，古老的问题难不倒现在的科学家们。他们已经发现这根本不是什么奇术，只是原理比较复杂，虽然我们在此无法详细阐述，但有三个影响飞行路线的因素，可以简单说一下：

·扔出的方式。

·飞去来器自身的旋转。

·空气的阻力。

这就是原始人类能够以恰当的角度、力量、方向扔出飞去来器的原因。通过训练，我们也可以掌握这种抛物技巧。

如图35所示，我们找一张卡片纸，然后按照图中的形状剪开，边长是5厘米，做成一个纸的飞去来器。

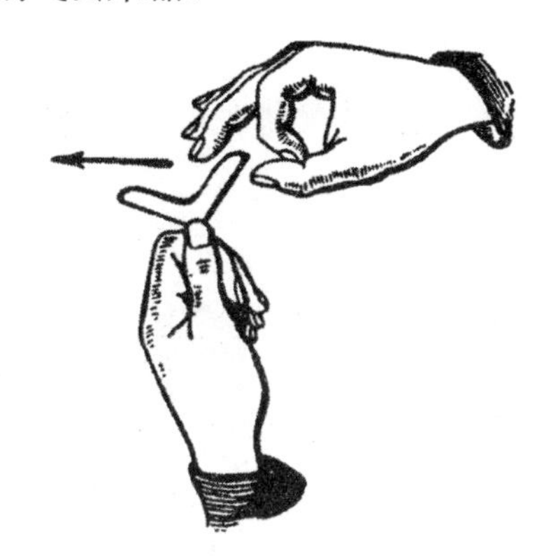

图35 纸制的飞去来器及使用方法。

接下来，按照图示的方向，把它夹于拇指和食指中，然后用另一只手的食指将其用力弹出，并注意它的方向。此时，你会发现，这个纸质飞去来器以一道美丽的曲线向外飞出。

只要它的飞行路线前方没有东西阻挡，那么它就会重新飞到你的身边。

如果按照图36所示，做出另一种纸质飞去来器，实验的效果一定会更好。使用这种飞去来器，经过一定的训练，甚至可以飞出更复杂的曲线，并最终回到你的身边。

图36 另一款纸制的飞去来器。

当然，这种飞去来器在印度的很多地方均可见到，并非澳大利亚土著的专利。甚至在古埃及、努比亚等地都有它的身影。我们可以从一些现存的壁画中看到，它成为一种武器装配于士兵身上（图37）。

图37 古埃及壁画上手拿飞去来器的士兵。

当然，澳大利亚的飞去来器以其特殊的螺纹状而令人印象深刻，它不仅能飞出非常复杂的曲线，最终还能回到你的身边，可以说是很有特点了。

Chapter 4

转动与永动机

如何分辨熟鸡蛋和生鸡蛋

不用敲碎蛋壳，你能分辨出鸡蛋是生的还是熟的吗？通过力学知识，我们可以解决这个问题。

熟鸡蛋和生鸡蛋旋转起来是不一样的，知道了这一点，我们就可以用一个很简单的方法将它们分辨出来。

如图38所示，将两只鸡蛋放在一只平底盘上依次旋转，旋转速度很快，时间也比较久的是熟鸡蛋，很难旋转起来的是生鸡蛋。而且，熟鸡蛋转起来很快，甚至能快到只见一片白影，有时候还可以用最尖的那头立起来。

图38 旋转鸡蛋的方法。

其中的奥秘是什么呢？原来，在熟透的鸡蛋中，以前呈现液态的蛋黄和蛋白已经凝固并变成实心的了。由于惯性，生鸡蛋无法在旋转的时候保持稳定，里面的蛋黄和蛋白就像它的“刹车”一样。

另外，在旋转的过程中，两者也有所不同。在由旋转到停止的过程中，只要用手捏熟鸡蛋，它会立即停下来，生鸡蛋只会在你捏的时候停下来，只要一松手，它还会再转一会儿，这依旧是惯性的作用。因为在捏生鸡蛋的时候，你只是捏住了它的蛋壳，里面的蛋白和蛋黄依然在旋转；而熟鸡蛋不一样，它的内外已经成为一个整体，会随着捏的动作一起停下来。

除此之外，我们还有另外一种分辨熟鸡蛋和生鸡蛋的方法。如图39所示，将两个橡皮圈分别箍于生鸡蛋和熟鸡蛋的子午线上，然后分别挂在相同的线上。这两条线扭转相同的圈数后一同放手，此时你就会发现生鸡蛋与熟鸡蛋的区别：熟鸡蛋在转了一定圈数之后，由于惯性的作用，会反过来继续旋转，并反复几次。虽然生鸡蛋也有惯性作用，但因为里面的蛋白和蛋黄呈现液态，所以顶多转两三次，而且会比熟鸡蛋提前停下来。

图39 把鸡蛋挂起来分辨生熟。

疯狂魔盘

撑开一把伞，将伞尖着地，然后转动伞柄部分，这把伞就会旋转起来。此时，试着将一团纸扔到旋转的伞上，它一定会被甩出来。很多人以为这是离心作用导致的现象，其实是由于惯性导致的。因为纸团被甩出来的时候，是沿着切线的方向运动，而不是沿着半径的方向运动。

如图40所示，这是很多公园中都有的疯狂魔盘，它利用的就是惯性原理，玩过的人一定会感同身受。魔盘是通过底部的电动机，由圆盘连接到轴，带动圆盘开始转动。圆盘的速度会随着时间的增加而不断增大，先慢后快。你可以在圆盘上坐着、站着、趴着，当它转动时，你会随着惯性向圆盘的边缘滑动。

图40 疯狂魔盘。

刚开始的时候，你可能感觉不大明显，这是因为此时的速度还比较慢。随着速度的不断增加，你离中心的距离会不断增大，这时感觉就会越来越明显。尤其是当你滑到圆盘边缘时，时刻感觉到自己即将被甩出去。的确，你无法在最边缘的地方控制自己，被甩出去是注定的。

其实，我们每天都生活在一个尺寸巨大的“疯狂魔盘”上。是的，就是地球。但它为什么没有把我们甩出去呢？因为它让我们的体重变轻了。

生活在赤道附近的人，体重竟然减掉了原来体重的$\frac{1}{300}$，因为赤道是地球上旋转速度最快的地方。如果再加上一些其他因素，减轻的体重可能会达到$\frac{5}{1000}$，也就是$\frac{1}{200}$。由此可知，一个成年人生活在赤道附近时会比生活在两极上时减轻大约0.3千克。

墨水刮起的旋风

按照图41所示，我们来做一个陀螺。先用一块白色的硬纸板，剪出一个圆形，然后用一根一头削尖了的细木棍插到圆纸板的中心。把它放到光滑的平面上，用大拇指和食指捏住木棍上端，用力拧转，这个陀螺就会旋转起来。

图41 墨水旋风陀螺。

下面，再用刚才制作的陀螺做一个很有意思的实验。

我们在纸板的不同地方分别滴上几滴墨水，趁其未干时旋转陀螺。最后观察停下来的陀螺就会发现，刚才滴出去的墨水犹如旋风一般，划出了一条条螺旋形的线。

线为什么会呈螺旋状呢？这其实是墨水滴移动的轨迹。每滴墨水在旋转时受到的作用，与坐在魔盘上的人受到的完全一样。在离心作用下，墨水滴由中心向边缘移动，越到边缘，移动的速度越快。

其实，墨水滴一直在做一种曲线运动，这一点可以通过它形成的轨迹看出来。旋转的时候，纸片就像是从墨水滴下面穿过去一样，跑到了墨水滴的前面，然后墨水就在圆形纸片的后面追着它跑。最终，我们看到的就是一道道弯曲的运行轨迹。

空气从气压高的地方流向气压低的地方，即会形成“反气旋”。“气旋”和“反气旋”的形成原理与刚才讲到的“疯狂魔盘”是一样的。其实，实验中墨水滴形成的曲线，就可以看成是一个小旋风。

受骗的植物

旋转物体产生的离心作用，数值究竟有多大呢？事实上，只要旋转速度够快，物体所形成的离心力甚至可以重于自身的重量。

下面，我们来做一个实验。众所周知，植物的生长均朝向重力相反的方向，即向上生长。如图42所示，假设这个轮子可以一直旋转下去，我们在上面种下一粒种子，经过一段时间就会发现：种子发芽了！但是，它发出的芽都是沿着轮子半径向轮子中心生长的，根部的生长则朝向轮子外面。

图42 旋转车轮上，豆苗的生长情形：

豆茎向车轮中心生出，根部向轮子外生长。

哈哈，植物受骗了！在刚才的实验中，车轮快速旋转形成的离心作用替代了影响植物的重力作用。之前说过，植物的生长均朝向反重力方向，所以种子才会沿着车轮的边缘向车轮的中心生长。虽然从引力的性质来看，制造出来的力和种子自身的重力没有本质上的区别，但我们也可以得出一个结论：新产生的力比种子本身的力大多了。

永动机

永恒运动或者说永动机，一直是一个经久不衰的讨论主题。

在很多人的想象中，这是一种可以举起重物，而且自身可以不停运动的机械装置。很久很久以前，人们已在不断尝试，可是时至今日，永动机仍未制造出来。

一次次的失败让人们产生了怀疑，科学家也在此基础上提出了现在经常说到的能量守恒定律。

当然，永恒运动是一种不需要做功却能永远运动下去的现象，而非一种机械装置。

图43就是永动机在古时候的一种典型设计。现在，人们仍在不断尝试制作这种机械装置。

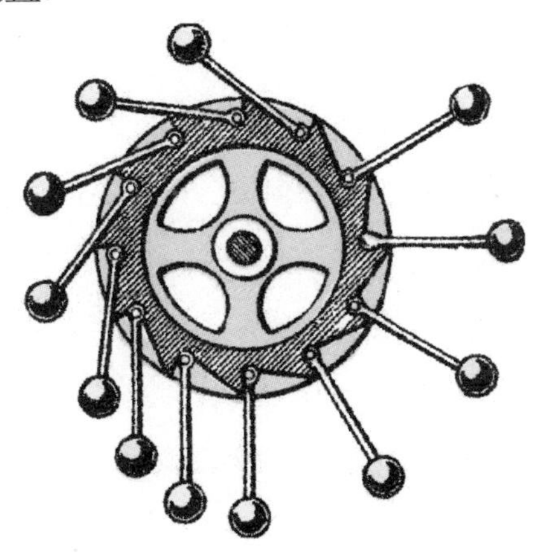

图43 中世纪的永动机。

它的设计原理如下：在一个圆形轮子的边缘装上一些活动短杆，在每根短杆的另一端都拴一个物体。无论轮子转动到什么位置，右边短杆上的每个物体离轮子中心的距离，都要远于左边的物体距离轮子中心的距离。因此，轮子会随着右边物体的向下运动而永久转动下去。

人们在制造的时候，觉得轮子一定会转动起来，但令他们疑惑的是，等真正制造出来以后，永动机的轮子却没有动。

我们来分析一下其中的原因：如图43所示，左右两边各有8个和4个物体，虽然轮子右边的物体距离轮子的中心总是比较远，但左边物体的数量多于右边。这就导致了轮子只会在最初摇摆几下，然后慢慢保持平衡，最终停到图示的位置不再转动（力矩定律可以很好地解释这个问题，有兴趣的同学可以深入了解一下）。

如今，人们已经清楚这种能够永远运动的机械装置不可能制造出来。所以，现在还在试图制造它的人，都是在做无用功。

但在中世纪，制造“永动机”可是最受欢迎的一件事情，人们对它的痴迷程度甚至超过了炼制黄金。为了制造出这种机械装置，很多人不惜投入极大的人力、物力以及财力。

在《骑士时代的几个场面》中，普希金描写了一位对永动机情有独钟的幻想家——别尔托尔德。

文中有一段对话：

“‘perpetuum mobile’是什么意思？”马尔丁问。

“‘perpetuum mobile’就是永恒的运动，”别尔托尔德答道，“只要我制造出这种永恒的运动，那就能将人类的创造发挥到极致……你明白吗？我亲爱的马尔丁！炼制黄金的工作虽然令人心动，可是设计永恒运动的机械也同样充满了诱惑。我怎样才能得到perpetuum mobile……上帝啊！……”

人们试验了无数次，最后都以失败告终。每一个看似合理的装置都有或多或少被忽略的细节，因此它一直没能成功面世。

在此期间，人们还设计了如图44所示的另一种永动机装置。

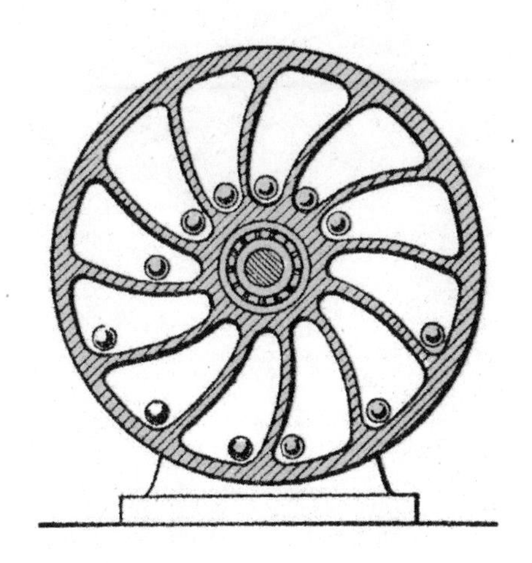

图44 装有钢球的永动机。

这个永动机看起来与前面提到的装置很不一样，看似由一个装着可以自由滚动的钢球圆轮构成。其实不然，它只是用钢球替代了前面短杆上的物体，仍旧是一边的钢球距离轮子中心近一些，另一边的钢球距离轮子中心远一些，通过钢球的运动引起轮子的旋转。对比一下可以发现，二者的设计思路基本相似。

我们现在知道这是天方夜谭，不可能成功。但在当时，美国一家咖啡店为了招揽生意，按照这种设计制造了一个很大的轮子，如图45所示。

看起来好像永动机实现了，轮子一直在转动，其实它仍然暗中借助了一个电动机。

还有一个钟表店，也曾通过在橱窗里装置一个永动机来吸引人们的注意力。

这种类似的永动机模型实在是不胜枚举，它们其实均由电动机带动，跟图45一样。

图45 广告中的假想永动机。

所以，我们可以得出一个结论：在没有外力的作用下，永动机或永恒运动永远不可能实现。毋庸置疑，能量守恒定律也是正确的。

“发脾气”

许多俄国人也曾试图解决永动机的问题，其中包括一些极其聪明、自学成才的发明家，只是结果均以失败告终。

有一个叫谢格洛夫的西伯利亚人，还被谢德林[1] 写入了小说《现代牧歌》中，成为“小市民普列森托夫”的原型。谢德林在小说中这样描述道：

1.萨尔蒂科夫·谢德林（1826—1889），俄国杰出的现实主义作家。行伍出身，供职于陆军部队，业余时间创作小说。

小市民普列森托夫三十五岁左右，身材削瘦，脸色苍白，长发披肩，双眼时时透着沉思。他的房子简陋却宽敞，一个巨大的飞轮几乎占据了一半空间，我们这些人只能很拘束地挤在一旁。轮子的中间部分均匀分布着许多轮辐，轮缘则用薄木板钉成，内部是空心的，像一个箱子。中空的轮缘有很大的容积，里面藏着全套机械，也就是发明家的全部秘密。不过，这套隐秘的装置似乎并不怎么精致，很像一个里面装满沙子的沙袋，用以保持平衡。一根木棒从两条轮辐的空隙间穿过，紧贴着其中一根轮辐，轮子停在原处不动。

“听说您已经将永恒运动的原理应用到实际中了，是吧？”我开始问道。

他的脸一下子涨红了：“怎么说才好呢？大概是的吧……”

“我们能参观一下吗？”

“非常欢迎！很荣幸……”他领着我们来到巨轮前，绕着轮子后面转了一圈。可以看到，轮子的前后构造都完全相同。

“它能转动吗？”

“好像能吧，它应该会转的，不过就是要发脾气……”

“能把那根木棒抽出来吗？”

普列森托夫抽出了木棒，可是轮子依旧停在原处丝毫未动。

他继续解释道：“它还在发脾气呢！要推它才行。”

普列森托夫伸出双手抱住轮缘，使劲儿上下摇动，最后用尽全身气力推了一下，再松开手——轮子果真转起来了。

刚开始，轮子转得很快，也很平稳——我们清楚地听到轮缘里面沙袋落下来砸在横档上或者从横档上抛开的声响。不过，轮子的转速很快，后来越来越慢。木轴也开始发出“吱咯吱咯”的声响。最后，轮子完全停止了转动。

“它肯定又在发脾气了！”那个发明家满脸通红，急切地解释着，同时又上前摇轮子，结果与刚才的情形一样。

“是不是没有忽略摩擦作用？”

“当然不会，已经计算了摩擦作用……摩擦作用算什么？这一定不是摩擦的问题，而是轮子爱发脾气……一会儿高兴起来，一会儿又突然生气……它太倔强了——这不，又完了。要是这个轮子能用好材料完美地做出来，它就不会发脾气。你瞧，现在它只是用一些木板胡乱拼凑起来的。”

我们当然知道，其实这是因为永动机本身违反了能量守恒的基本定律，而不仅仅是材料的问题，或者是出了点小毛病那么简单。轮子最初的转动是因为“发明家”的推动给了它一个初速度，当这部分能量用完了，轮子自然会停止转动。

乌菲姆采夫储能器

如果不去深入了解永恒运动，而只是略懂皮毛，很容易陷入误区，产生错误的认识。现在，我们再用乌菲姆采夫储能器来说明一下。

20世纪20年代初，发明家乌菲姆采夫发明了一种利用惯性来储存能量的新型风力发电站，它由一个很大的圆盘组成，可以绕竖轴旋转的滚珠装在轴承上。从整体来看，这个装置的结构类似于飞轮。

圆盘的外面是一个抽干了空气的壳子，在大概20000转/分钟的初速度下，圆盘可以毫不停歇地连续转动15个昼夜。

许多不明真相的人都被这层表象欺骗了，认为乌菲姆采夫储能器能够实现永恒运动。想一想吧，没有人可以一直守在那里观察15个昼夜，或者更长时间。

不奇怪的怪事

听说，有一个人非常热衷于永动机。本来生活得很富足，但为了制造永动机，他花光了所有积蓄，最终还是一无所获。后来，当他变成一贫如洗的穷光蛋时，仍然在找人帮忙制造永远不可能成功的永动机，坚持着所谓的“理想”。

其实，这个人仅仅只是众多牺牲者中的一个代表而已。此类故事让听众觉得又可悲又可笑，因为他们缺乏最基本的物理力学常识，一直在用错误的理论指导实践，所以终其一生都不可能实现所谓的梦想。

尽管永动机不可能成功制造出来，但我们也必须承认，在发明永动机的过程中，涌现出了无数有趣的发现。

16世纪末到17世纪初，荷兰有一位知名数学家叫斯台文。他在深入分析永动机理论后，提出了斜面上的力量平衡定律。不仅如此，斯台文还提出了许多对现代生产生活产生重大影响的其他理论，例如小数。在代数学中，他首次提出了指数的概念，并发明了流体力学定律。后来，帕斯卡重新论证了这个定律。

斯台文并不是使用我们常说的平行四边形法则来提出斜面上的力量平衡定律，他借助了如图46所示的模型。

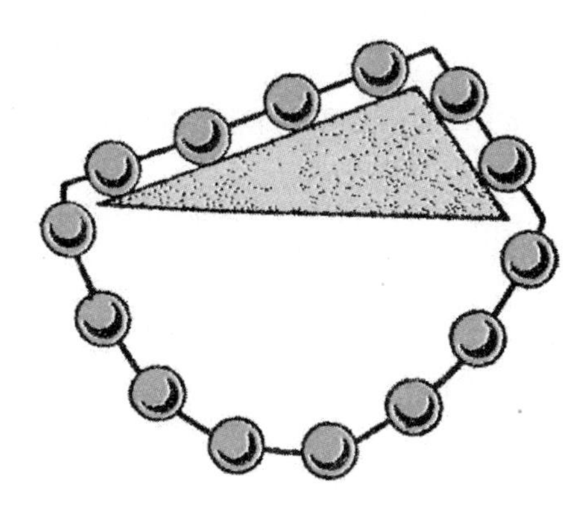

图46 斯台文永动机。

由图可知，三棱体一共挂着14个相同的小球。令人惊讶的是，这串小球没有滑动，而是保持了平衡。下面挂下来的一部分小球是不会滑动的，那么右边的两个球和左边的四个球也能保持平衡吗？当然会。如果不会，整串小球就要不停地滑动，因为它们串联在一起，只要有一个小球在动，其他的球必然随之而动。由前面已知的所有小球不会滑动可得，这串小球也不会滑动。那么，左边四个小球的拉力就与右边两个小球的拉力相等，保持了平衡。听起来是不是有些令人惊讶？

借助这个偶然的发现，斯台文提出了斜面上的力量平衡定律。他通过多次观察发现，两个斜面长度的比值与两个斜面上小球重量的比值是相同的，并总结出斜面上的力量平衡定律：

要想使放在两个斜面上的两个连在一起的物体保持平衡，物体重量的比值必须与两个斜面长度的比值成正比。

如果把其中一个斜面换成垂直面，我们又可以推出另一个定律：

要想使斜面上的物体保持平衡，必须在垂直面的方向上向下施加一个力，这个力的大小和斜面上物体重量的比值，等于这个斜面的高度和长度的比值。

由此可以看出，人们在发明永动机的过程中，也偶然发现了许多有意义的力学理论。

其他永动机

下面，我们来认识另外一种形式的永动机。

如图47所示，从图中可以看出，在几个轮子上套着一条右边长、左边短的锁链。由于两边锁链不一样长，发明家觉得轮子和锁链不会保持平衡，右边的锁链会向下移动，从而带动整条锁链绕轮旋转。

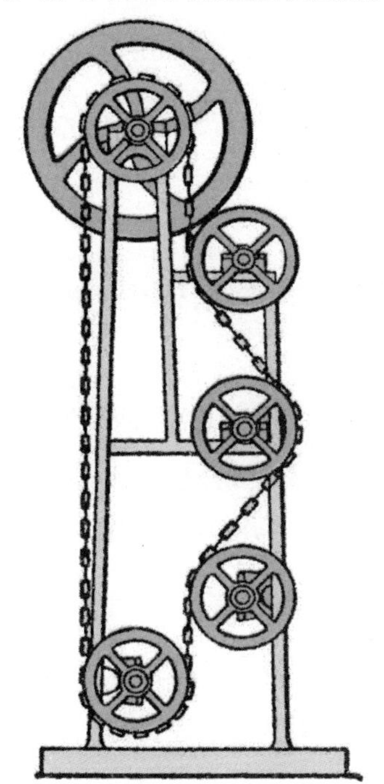

图47 另一种永动机。

那么，事实如何呢？无论是锁链还是轮子，都不会移动。因为锁链的重力被分解到了各个方向，虽然右边的锁链要长一些，却依然能够保持平衡，轮子也就无法转动了。

我们通过观察得知：锁链的右边斜拉向下，左边垂直向下。虽然右边的锁链更重，却无法拉动左边的锁链。可以说，这仍然是一个失败的永动机。

关于永动机的所有发明都失败了，但仍然有人在继续从事这项研究，还有人把它带到了巴黎的一次展览会上。

那是一个带有许多滚动小球的大轮子，制造者信誓旦旦地宣称，自己的永动机无法停止。现场观众大感兴趣，用尽各种各样的办法阻止轮子的转动。结果，轮子真的没有停下来。

这似乎是一个成功的永动机。但大家都忽略了一点，当人们阻止它转动时，同样给了它一个能继续转动下去的动力。而且，轮子里的小球也是它能够转动的一个重要因素。

彼得大帝时期的永动机

彼得大帝时期，也有一个关于永动机的真实记载。

18世纪20年代初，彼得大帝得到了一台据说由德国教授奥尔费利斯发明的永动机。由于发明了这台机器，奥尔费利斯教授在德国声名显赫。

当时，有一个叫舒马赫的图书管理员，正替俄国沙皇在世界各地寻找奇珍异宝。奥尔费利斯教授听说后，便与舒马赫进行了谈判。舒马赫将教授的要求传达给了彼得大帝。

舒马赫见到沙皇时，神采飞扬地说道："只需要10000耶费马克（耶费马克是16-17世纪时俄国流通的一种德国银币，1耶费马克约等于1卢布），那台机器就归我们了！"

按照舒马赫的话说，发明家本人保证：机器没有任何问题，即便是全世界最恶的人，也无法证明它的错误。为了一睹真容，彼得大帝计划于1725年年初出访德国。令人遗憾的是，这个计划还未实施，他就去世了。

那么，德国发明家到底是何方神圣？这台所谓没有任何问题的永动机真的没有任何问题吗?

据考证，奥尔费利斯教授的真实姓氏是巴思乐，他于1680年出生在德国，从事过神学、医学和绘画等方面的工作。当时，许多人为了制造永动机而放弃本职工作，奥尔费利斯也是其中一位。他通过展出自己发明的永动机，在当时可以算是最成功的一个人。而且，他本人也一直沉浸于这项巨大的成就中，直至1745年去世。

在一本古书中，我们找到了据说是1714年那台永动机的框架模型，如图48所示。我们可以从图中看到一个一直在转动的大轮子，一些物体通过它的转动而被带到了高处。

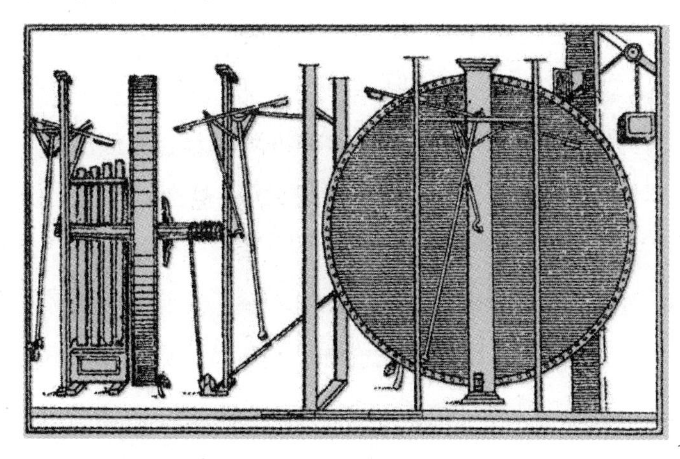

图48 这幅古画中画的就是由奥尔费利斯制造，彼得大帝求而未得的永动机。

据说，这台“奇迹般的发明”甚至引起了波兰国王的兴趣，奥尔费利斯也由此获得了强大的靠山。他不仅得到许多支持者提供的财物，还得到德国一位伯爵赏赐的城堡。

1717年12月12日，这台永动机对外宣称实验成功。紧接着，实验室被警卫人员锁住了，并由专人看守，任何人都不得靠近。两周过去了，12月26日，伯爵亲自带领警卫人员进入房间，他惊讶地发现，机器仍在高速运转，丝毫没有慢下来的迹象。即使人为地令其停止，它仍然会重新转动。实验室再次上锁，并继续派人看守。等到1718年1月4日开启的时候，那台机器仍然在继续转动。

实验室又被锁上了，两个月过去，伯爵开门检查时，轮子丝毫没有停下来的意思。

通过这个实验，发明家得到了伯爵的权威认可。我们来看一看，当时对这台机器的官方解释：永动机的转速是50圈/分钟，可以将16千克的重物提到1.5米的高度，并带动风箱和机床的转动。一时间，奥尔费利斯得到了无数赞美，如果不是同意将机器转让给彼得一世，他至少可以获得10万卢布。

很快，永动机实验成功的消息就传遍了欧洲，引起俄国沙皇彼得大帝的浓厚兴趣。

关于奥尔费利斯永动机的消息，彼得大帝是在1715年出访外国的时候得知的。当时，他派遣外交大臣奥斯捷尔曼去了解情况，得到确切的消息后，在还未见到机器的情况下发出了求购意愿。据说，彼得大帝授予奥尔费利斯“杰出发明家”的称号，邀请他到自己身边工作，并派出哲学家赫里斯基·沃尔富与其进行洽谈。

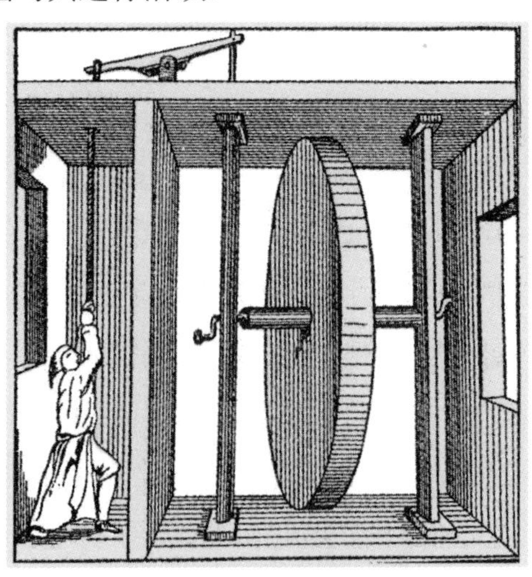

图49 可以借由这幅古画一探奥尔费利斯永动机的秘密。

必须承认，当时全世界的恩宠都集于奥尔费利斯的身上，甚至有诗人通过撰写颂歌来赞美他的伟大发明。

可是，仍然有人认为这是一个彻头彻尾的骗局，质疑者甚至悬赏1000马克，奖励给那些揭穿骗局的人。在众多抨击文章中，包括如图49所示的一幅画。质疑者说道，奥尔费利斯的永动机骗局很简单：有人藏在这台机器的后面，用一根连在轮子轴上的绳子拉着它不停转动。这个人藏得很隐秘，所以没有人发现。

假的终究是假的，随着时间的流逝，骗局终于被揭穿了。据说，其中的秘密还是发明家自己透露的。有一天，发明家与妻子吵完架，气不过说漏了嘴，人们才知道永动机里果真藏了人，即奥尔费利斯的兄弟和仆人。如果他没有和妻子吵架，人们可能一直被蒙在鼓里。

然而，直至去世，这个发明家还坚持说是妻子和仆人在诋毁自己，不肯承认永动机是假的。不过，那时候他已失去了很多人的信任，只能一个劲儿地向彼得大帝的使臣——舒马赫解释外面的传言都是诽谤。

值得一提的是，当时还有一个德国人，名叫格特叶尔，也发明了一台永动机。舒马赫在见到这台永动机时，描述道："我在德累斯顿亲眼见到了机器的草图，它的形状像一个填满了沙子的磨刀石。发明家格特叶尔说，机器的运动幅度不能太大。"

显然，这个永动机也隐藏了一些机关，不可能一直运动下去，只是我们还不知道它的动力来源罢了。

舒马赫在写给彼得大帝的信中曾说："不管发明家如何吹嘘，英国和法国的学者坚信所谓的永动机违背了物理规律。"

必须承认，舒马赫的这句话是正确的。

Chapter 5

液体与气体的特征

有关两把咖啡壶的问题

如图50所示，两把咖啡壶一高一低，粗细一样，你知道哪把咖啡壶能盛更多的液体吗？

图50 哪把水壶能盛更多的水？

乍一看到这道题，任何人都会觉得高的那个壶盛水更多，因为它们粗细一样。但是，你忽略了壶嘴高度这一细节。不管往哪一把咖啡壶里倒液体，只能倒到壶嘴的高度，多了就会从壶嘴溢出来。我们可以从图中看到，两把壶的壶嘴高度是一样的，因此，它们能盛同样多的水。

其中的道理很好理解吧？咖啡壶的内部相通，壶嘴和咖啡壶是连在一起的。虽然壶里装的液体比壶嘴里的多，但每把咖啡壶的壶嘴所在液面都在同一水平面上，也就是说同样高。

换句话说，你无论如何都不可能把一个壶嘴高度低于壶顶的咖啡壶装满，因为装进去的液体一定会顺着壶嘴流出来。所以，为了不让液体轻易流出来，我们见到的水壶都是壶嘴高于壶顶。

古人不知道的事情

罗马有一件令人惊讶的事情——现在的居民仍然使用古时候奴隶们修造的输水管道。要知道，当时的人们由于认知上的局限，不具备物理学的基本知识，并没有充分考虑过为什么要造成那样。

从一本古书上，我们找到了如图51所示的一幅图。从图中可以看出，这里的输水管道用石柱架起来，立于地上，而非地下。当时的人为什么没有选择埋在地下这种更简单的方式，而是把管道建在地上呢？因为建造者们无法保证地下管道的水处于同一个平面。

图51 古罗马输水管道建设图。

如果把管子埋到高低不平的地面下，会出现一个问题：水在某些地段会流到地面上来，因为管子就是沿着地势的起伏而埋下去的。

如果建在地上，只要把整段管道建成同一高度，并向下倾斜，就可以保证水在管道内流动，上述问题便很容易解决了。

这样一来，会在无形中增加建筑工程量，因为要绕很多弯。

例如，古罗马的爱科瓦·马尔基亚管道，连接这一段管道的两端，直线距离只有50千米，正是因为弯道的存在，工程量多出整整一倍，达到了100千米。

液体向上会产生压力

装在容器里的液体不仅会对容器的底部产生压力，还会对容器的侧面产生压向容器壁的压力。即使是没有学过物理学基本知识的人也能明白这一点。但你知道吗？液体有时也会向上产生压力，我们借助一个例子来帮助你理解。如图52所示，这是一只普通煤油灯的灯罩，我们用厚纸板剪出一个大于灯罩口的圆形纸片，将它盖在灯罩口上，并在纸片中心穿一条细绳。接着，倒转灯罩，用手拽住细绳，以防纸片脱落，并将灯罩慢慢放到水里面，在某一位置放开纸片上的细绳。此时你会发现，灯罩口上的圆形纸片并没有掉下来。换句话说，纸片在没有人为干预的前提下，并没有掉下来，其中的原因就是纸片受到了向上的压力。

图52 证明液体可以向上产生压力的实验。

要想计算出水对纸片向上压力的大小，只要通过一个小小的实验就能做到：小心地向灯罩里注水，纸片会在灯罩内外水面接近时掉下来。就是说，纸片受到向上的压力与刚才向灯罩内注入的水对纸片向下的压力是相同的。

我们可以得到一个定律：浸入液体里的物体会受到液体对它的压力。阿基米德原理中，物体在液体中重量会小一些，也是如此得来的。

一些罩口面积相同，但形状不同的灯罩也可以用来做这个实验。通过实验，能得出另一条定律：浸入液体里的物体受到液体压力的大小，只跟容器底部的面积和水面的高度有关，与容器的形状无关。

如图53所示，我们把能找到的每一个灯罩按照刚才的实验步骤试一下，然后会发现，纸片总是在灯罩里的水加到同一高度的时候才会掉下去。换句话说，只要容器的底面积和高度相等，无论它的形状是什么样子，水的压力都是相等的。需要注意一点，此处重要的是高度而不是长度。无论水柱是长还是短，是斜还是直，只要底面积相同，高度一样，它们对于容器底部的压力就是相等的。

图53 容器底部面积和水面高度与液体对底部产生压力的关系。

哪边比较重

如图54所示，天平的两个托盘上分别放着两个一模一样并装满了水的桶，唯一的不同就是其中一个桶上漂着一个小木块。那么，天平会往哪一边倾斜？

图54 天平的两个托盘上分别放着两个一模一样并装满了水的桶，其中一个桶上漂着一个小木块。天平会向哪边倾斜呢？

有人认为，桶里除了水还有木块，当然是有木块的那一边重；也有人持不同意见，因为放木块的桶，水会少一些，但水的比重比木块大很多，所以还是没有木块的那一边重。那么，谁的观点才是正确的呢？

其实，二者都不准确，正确的答案是天平会保持平衡，因为它的两边一样重。

虽然后者说得有道理，装进去的木块会将水排掉一些，导致那个桶里的水少一些，但物理学上还有一个重要的浮体定律：

任何物体浮在水中，都会排出与自身重量相等的水。

根据浮体定律，我们可以知道，天平的两边重量是相等的。

现在，来修改一下题目，如果天平的一个托盘上放的水只有半桶，并在桶的旁边放上一个小砝码；另一个托盘则加砝码至天平两端达到平衡。那么，当我们把水桶旁边的砝码放进水中时，天平又会有怎样的变化呢？

阿基米德原理表明：当物体放进水里时，重量会减轻一些。按照这个原理，刚才把砝码放进水中，重量变轻了，此时天平上放置水桶的一端就会变轻上升。可是，天平依旧是平衡的，怎么解释呢？

这是因为砝码放进水里，排出了一些水，桶中的水面比刚开始高出一些，而这部分高出来的水对水桶底部产生的压力与砝码放进去所减轻的重量相同，所以此时天平依旧平衡。在我们刚才的分析中，这是容易忽略的一个事实。

液体的天然形状

通常，人们会认为，液体没有固定的形状，它们的形状一般取决于容器的形状。其实，所有的液体都有形状，而且都是球形。

大家都知道，液体是有重量的，它所受到的重力令其无法保持原本的样子。因此，当液体装在容器里时，就会变成容器的模样。当液体洒到桌子上时，又会变成薄薄的一层。

现在，有两种密度相同的不同液体，将其中一种液体放到另一种液体中，会产生怎样的变化？

根据阿基米德原理来分析：放到液体里的任何物体，重量都会减轻一部分。如果这两种液体的密度相等，前一种液体即会完全失去自身的重量，此时作用于其上的重力也完全消失了，液体就可以恢复本来的形状。

下面，我们就用一个实验来验证一下。众所周知，橄榄油的密度大于酒精，小于水。我们先把水和酒精混合至“密度”与橄榄油相等。这样，当橄榄油被放到混合液中时，就会被混合液包裹在其中。

如图55所示，当将橄榄油用一支注射器注入混合液中时，会发现橄榄油慢慢汇聚成一个球形，悬停在混合液中，既没有下落，也没有浮起（盛有混合液的容器壁越平整，效果越好）。

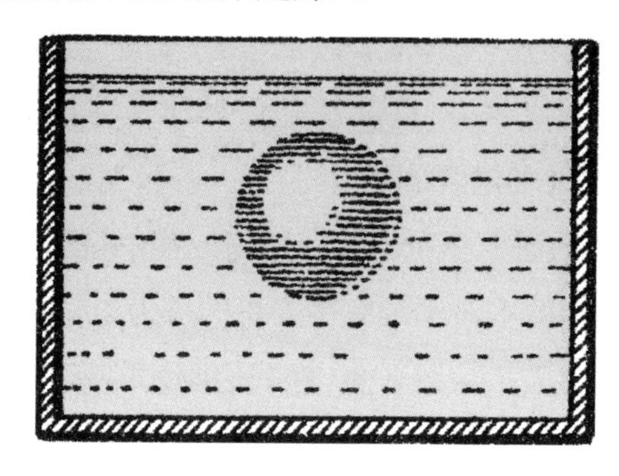

图55 在稀释的酒精中，橄榄油滴既没有下落，也没有浮起来。

需要注意的是，做这个实验千万不能着急，一定要仔细而小心。尤其是在用注射器注射橄榄油的时候，若是动作幅度稍大，橄榄油就很难汇聚成一个大球形，而是会分散成很小的“颗粒”。

如图56所示，我们继续做实验。将一根细竹签或细铁丝慢慢穿到刚才形成的油滴当中，轻轻旋转竹签或铁丝，会发现油滴也在慢慢转动，而且形状逐渐变扁了。

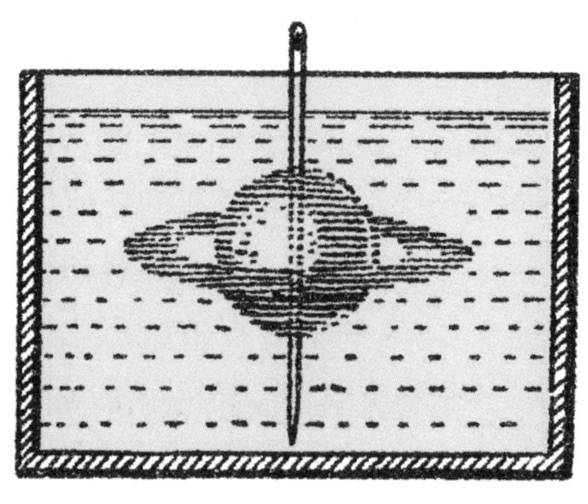

图56 用一根细竹签插进油滴中旋转，油滴会随之转动，分裂出一个油环。

如果旋转速度加快，变扁的油滴会变为一个圆环，并随着速度的不断加快，分散出很多球形的小油滴，围绕着大油滴转动。

这个有趣的实验刚开始是由比利时物理学家普拉图发现的，我们前面做的实验等于再现了普拉图实验。

现在，还可以把它做得更有趣一些。如图57所示，将橄榄油装入一个冲洗干净的玻璃杯里，然后把玻璃杯放至一个大玻璃杯的底部，并往大玻璃杯中缓慢注入能完全淹没小玻璃杯的酒精。接下来，沿大玻璃杯的杯壁慢慢加水。我们可以发现，装在小玻璃杯中的橄榄油，随着水的加入而逐渐凸起。当加入的水达到一定程度，小玻璃杯中的橄榄油就会变成一个完全脱离小玻璃杯的大球形。与之前的实验类似，它会悬停于水和酒精的混合液中。

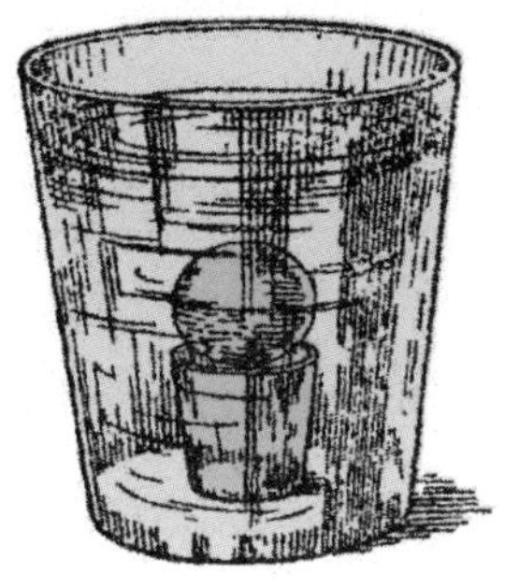

图57 简版普拉图实验。

如果没有酒精，我们用其他液体也可以得到相同的实验结果。

例如，用苯胺代替橄榄油。苯胺的密度与水温成反比，水温低，苯胺密度比水大。但水温较高时，苯胺的密度比水小。因此，只需要加热水，苯胺就可以悬停于水中。此时，苯胺也同前面的橄榄油一样，变成了一个球形。常温状态下，盐水也可以替代清水来做这个实验，因为盐水在常温下的密度比清水大。当其浓度达到一定值后，密度和苯胺又是一样的，所以苯胺也可以悬停于一定浓度的盐水当中。此外，24℃时，甲苯与盐水密度是一样的，所以甲苯也可以替代苯胺。

为什么铅弹是圆形的

通过之前的实验可以知道，在不受重力作用时，任何液体都会保持原本球形的形状。在前面的章节中，我们也曾提到过，物体在没有空气阻力影响的情况下自由下落，是没有重量的。那么，能不能说，液体在自由下落时一定会呈球形呢？事实正是如此，下雨时的雨滴即为球形。

用“高塔法”制作铅弹，就是采用了这种方法。如图58所示，这是一个很高的建筑，大约45米。塔顶有一个熔铅炉，旁边是一个巨大的水槽，刚刚熔化的铅滴被从高塔上浇至装有冷水的大水槽中，即会形成一个球形的铅弹。

当然，这种方法制作出来的铅弹还需要打磨处理。大水槽是为了避免铅弹受到剧烈撞击并能保持球形而存在的，熔化的铅液早在下落的过程中即已凝固。

但是，如果想要制成较大的铅弹，还需要采用别的方法，这种方法制成的铅弹直径一般不会超过6毫米。

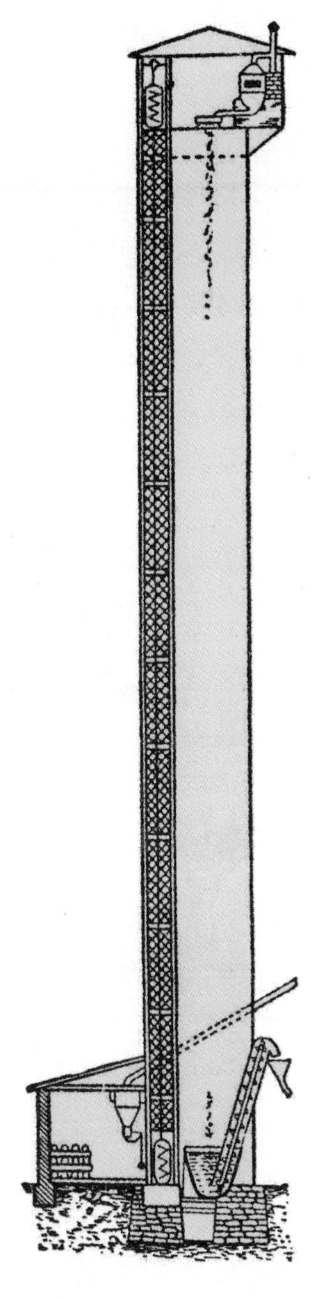

图58 利用高塔法制作铅弹。

少了底儿的高脚杯

将一个杯子里装满水，一直装到杯子的边缘，然后将提前准备好的大头针投放其中，会发生什么情形呢？下面，我们就来试试看吧！注意，一定要小心翼翼地往杯子里放大头针，不要使杯子中的水溢出来。

具体可以按照以下流程操作：将大头针轻轻放于水面，然后慢慢松手，注意，不能有一点点震动，要让大头钉慢慢落到水里。如图59所示，我们会发现，尽管放进去的大头针数量已有几十个或者100个了，杯子里的水还是没有溢出一滴，真是令人惊讶。

图59 神奇的大头针实验。

我们可以继续向杯子中放大头针，无论是100个、200个，即使是300个大头针，还是不会溢出一滴水。更令人惊奇的是，水面高度没有任何显著的变化。当然，如果仔细观察，现在的水面高度确实稍稍高于原来的水面高度，而水面高出来的这一点点恰是秘密所在。

杯子上形成的这个凸面，正是被大头针排出的水。只要我们能够计算出每个大头针的体积，就可以计算出排出水的体积。而这个凸面的体积也正是这几百个大头针的体积，所以杯子里可以装下几百个大头针。简单地说，如果杯子再大些，能够容纳的大头针就更多了，因为它的杯口会更大，所以凸面的体积也就更大。

接下来，我们可以大体计算一下大头针和所形成凸面的体积。假设每个大头针的直径是0.5毫米，长度为2.5厘米，那么，借助几何公式$\frac{\pi d^2 h}{4}$可以算出，一个大头针的体积大约为5立方毫米，加上针头的话，大约为5.5立方毫米。

假设杯子的直径为9厘米，即90毫米，那么杯口面积大约为6400平方毫米。假设凸面的高度为1毫米，那么凸面的体积约6400立方毫米，大约是1200个大头针的体积。换句话说，在这个装满水的杯子中，还可以容纳大约1200个大头针。你可以将1000多个大头针小心翼翼地放进杯子里，尽管看上去已经满杯，杯口却不会溢出一滴水。

有趣的煤油特性

如果你用过或者仔细观察过煤油灯的话，一定会发现：点燃一个干净且装满油的煤油灯，它的外表很快会变得油乎乎的。

这就是煤油灯有趣的特性：煤油总是会沿着没有拧紧盖子的加油口流到外面，只有拧紧了加油口的盖子，煤油才不会流出来。但要注意一点，因为煤油遇热容易膨胀，所以一定不要把煤油加得太满，要留出一定的空隙，否则可能会发生危险。

用煤油作为燃料的船只，有时会为此而生出很多麻烦。因为煤油经常从看不见的地方流出来，流得到处都是，不仅流到油箱外面，船员的衣服也被弄得满是油污。于是，很多人不愿意用其装载货物。人们想了各种办法，希望解决这个问题，只是效果都不明显。

英国作家詹罗姆写了一篇小说《三人同船》，里面有一段关于煤油的有趣描述：

应该不会有其他东西比煤油的渗透性更强了。我们明明把它放置在船头，不知怎的，它竟然会悄悄溜到船尾。恼人的是，从船头到船尾，无论什么东西都浸染了煤油的气息。它还见缝插针，不放过船上的每条缝隙。瞧，它已经通过船身接合处的缝隙，入侵到水里，弥散到空中，所到之处的生命饱受荼毒。

每次有风吹来，不管是北风南风，还是东风西风，它们都会变成煤油风。那是一种多么新奇、烦人的风啊！浓浓的煤油气息令人作呕。黄昏时分，煤油气让落日晚霞失去了应有的光彩，原本诗情画意的月光，也因浸透着煤油气息而四处泛味……

我们把船靠岸，将它停在桥下，想进城去逛逛，这讨厌的气息竟然形影不离，一路追随着我们，感觉整个城市处处都弥漫着它的气息。

詹罗姆的描写比较夸张，他们之所以感觉身边到处都是煤油的味道，只是因为衣服上沾染了煤油而已。

不得不说，煤油总是流得到处都是，这是煤油的一个有趣特性，确实挺烦人的。但要明白一点，这并不意味着它可以渗透玻璃或金属。

不沉的硬币

将一枚硬币放入水中，它不会沉下去。我这么说你一定不信，但可以通过一个实验来证明。

首先，我们用一根缝衣针来试一试，将缝衣针放入水中而不下沉的方法是什么呢？

如图60所示，在水面上放一张纸，然后将一根干净又干燥的缝衣针轻轻放到上面，再用其他针把纸压到水里。

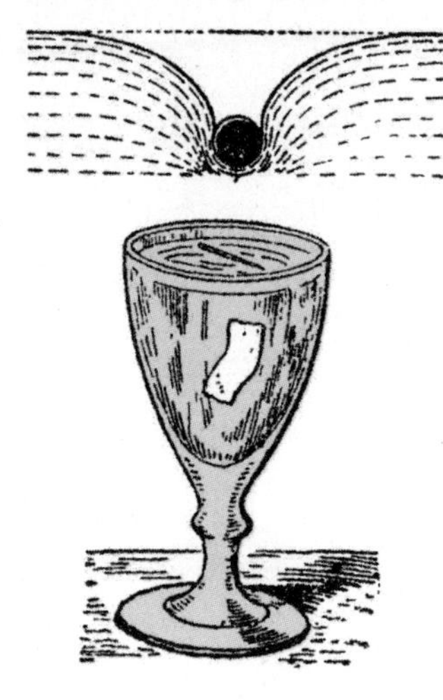

图60 没有掉进水里的针。

当纸完全被水浸透并沉入水中时，你会发现，缝衣针依然停留在水面上，并没有随着纸一同下沉。如果再拿一块磁铁在杯子外面移动的话，还会发现，针并没有掉到水里去，而是随着磁铁慢慢移动。

经过几次反复练习，当你特别熟练的时候，甚至可以不用纸就完成实验。具体方法如下：在距离水面不远的地方，用手指夹住缝衣针的中间，将它轻轻放下，这样它就会浮在水面上了，是不是感觉很神奇？

其他例如纽扣、很小巧的平面金属，甚至硬币之类的东西，都可以替代缝衣针，成为我们的实验工具。它们也都跟缝衣针一样，不会沉到水里去，而是浮在水面上。

这些东西浮在水面上且不下沉的原因究竟是什么呢？

我们是用手拿着这些东西，然后将它们放到水面上的，此时手上的油脂就沾染到这些东西上了。众所周知，水油不能融合，玻璃只要沾上油，很难再沾上水。不管我们怎么洗手，都不可能完全没有油脂。因此，这些东西与水接触的表面，形成了一个令水面凹下去的隔离层。而凹下去的水面努力想恢复原状，无形中会给这些东西一个向上的压力。

通过浮体定律，我们可以得知，水面上的物体所受的浮力，即水的排斥力，大小与所排开的水的重量是相等的，所以它们可以浮于水面上。

当然，如果在缝衣针的表面涂上一层油，也就不用那么小心翼翼了，可以直接把它放到水面上。

用筛子来盛水

根据物理学知识，我们都知道，用筛子盛水这种不可能的事情大概只会发生在童话里。

下面我们来做一个实验。如图61所示，一个由金属丝编成的筛子，直径大约15厘米，一根大头针可以穿透金属筛大约1毫米的筛孔。将金属筛浸入熔化的石蜡里再拿出来，我们可以想象，此时在筛子的孔隙，即金属丝上已经附着了一层石蜡。

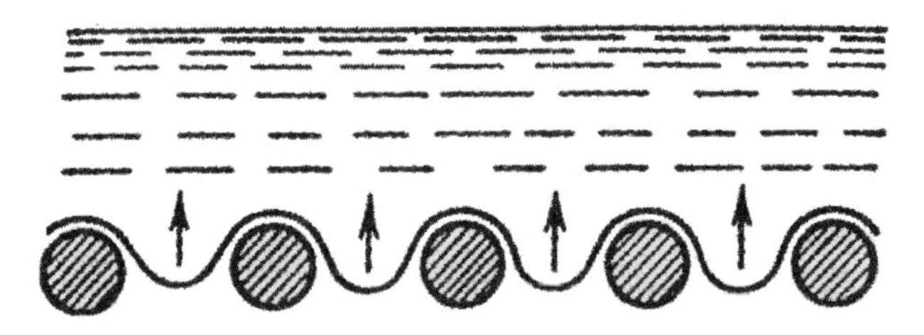

图61 筛子的孔隙里形成了一层凹下去的膜。

现在，只要我们的动作幅度不是太大，避免筛子受到强烈震动，就可以用筛子盛出不少水。那么，水没有透过筛孔隙漏下来的原因又是什么呢？因为筛子事先被浸了石蜡，所以孔隙中形成了一层凹下去的膜，借助这层膜，水才没有漏下去。

如果把刚才的筛子平放到水面上，就会发现筛子浮在水面上，不会沉下去。

在日常生活中，许多司空见惯的现象都可以用这个实验来解释。例如，为了防水，我们会在木桶或船上涂一层松脂，在纺织品上附一层橡胶，在塞子或管上抹一层油等，这样水就不会透过去了。

如何用泡沫提供技术服务

在矿冶工业中，以上方法也有所应用，通常被用来选择需要的矿物。但在许多选矿方法中，效果最好的是“浮沫选矿法”。

如图62所示，先将水和某种特殊的油放入槽中，再放入轧碎的矿石。这种特殊的油会在矿物碎粒表面形成一层不沾水的薄膜。接下来，往槽里吹入大量的空气，矿物碎石的混合物被搅动起来，形成了许多小气泡，即泡沫，被油包裹的矿物碎粒就会跟泡沫连在一起。它们跟随泡沫浮起来，看起来像热气球下面的吊篮一样。没有被油包裹的矿物碎粒，仍然跟水混合在一起，所以不会跟泡沫连到一起，也就浮不起来。这样，我们需要的矿物碎粒便被选了出来。需要的注意是，泡沫的体积要大于所要筛选矿物碎粒的体积，否则不能保证需要的矿物全部到泡沫上，浮到水面上来了。那样，我们所需要的矿物就无法选择出来。最后，只要再进行简单处理，就可以从大量的矿物碎粒中挑选出需要的矿物。

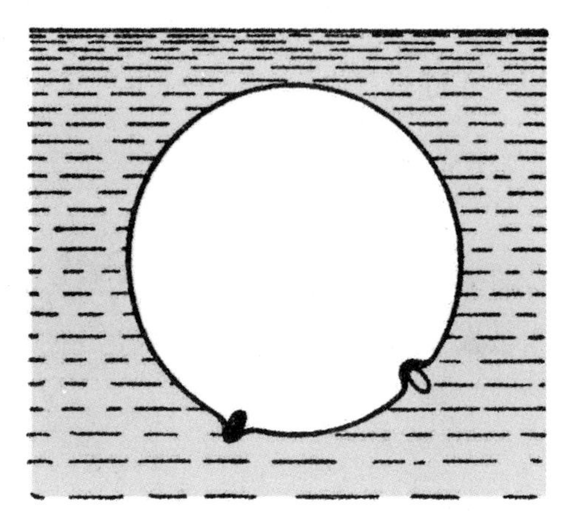

图62 浮沫选矿法。

利用这个方法，人们几乎可以选出任何一种矿物。唯一需要注意的就是，选择不同的矿石，也要选择不同的液体。

难以想象的一点是，“浮沫选矿法”的发明和产生是通过人们的观察得来的。在尚未完全清楚这个方法的物理学原理时，它已在工业选矿中获得广泛应用。据说，它是这样被发现的：有一次，人们在清洗装过黄铜矿并沾满油污的麻袋时，发现泡沫与一些黄铜矿的碎末沾到了一起，并且浮在水面上，这个微小的现象后来推动了浮沫选矿法的发展。

幻想中的永动机

很多书上在谈到永动机模型时，通常会把下面一种作为真正的永动机。如图63所示：底下的容器中装着一些油（或者水），油里面有一根灯芯，将油吸到上面的一个容器里，然后再次被灯芯吸到更高的容器里。吸上去的油通过上面容器的口流到下面轮子的叶片，进而带动轮子转动。流到轮子上的油接着流向轮子下的容器中，然后容器里的油又被吸到上面的容器中。如此反复进行，油不断地被吸到上面的容器中，又不断地流下来，轮子也就会不断地转动。

图63 臆想的永动机。

其实，即使有人制造出这样一个装置，也不会成功。容器中的水或油不可能被吸到上面去，而轮子是由循环流动带动的，没有水或油流下来的话，它也不可能转动。

人们之所以认为会成功，是以为液体被灯芯吸到上面后就会向下流。但是，液体能被吸到灯芯上部是因为毛细作用战胜了油本身重力的缘故。同理，可以战胜重力的毛细作用也会让液体流不下来。从另一个角度来说，灯芯能把底下容器里的油吸到上面的容器中，那么，上面容器中的油也会被灯芯吸到下面容器里。因此，它不可能实现。

说到此处，我想起了意大利机械师斯托拉塔·斯泰尔西于1575年发明的另一个永动机模型。这台永动机的设计如图64所示：水借由一个螺旋排水机的运转升到上面的水槽，然后从槽口流出，带动水轮转动。转动的水轮带动磨刀石转动，整个螺旋排水机又借由磨刀石通过一组齿轮的力来带动，继而运转起来。如果这种永动机真的成功了，我们可以借此设计出更简单的“永动机”：将一根绳子穿过固定在顶棚的一个滑轮，两端分别拴上一个重物。其中一个重物下落时会提起另一个重物，而被提起的重物在下落时又会再次提起第一个重物……当然，这根本无法实现。

图64 古人设计的水力永动机。

肥皂泡

很多人都觉得吹肥皂泡是一件特别简单的事情，甚至如果我问你，你真的会吹肥皂泡吗？你一定觉得我疯了。其实，要想吹出又大又漂亮的肥皂泡，还真不是一件特别容易的事情，也需要技巧。甚至可以说，吹肥皂泡是一门艺术，要想吹得好，就要多练习。

我们经常看到有人吹肥皂泡，但很少去观察这一现象，更不要说去思考肥皂泡的形成原理了，甚至有时候还会讨厌它。但若经过仔细观察，你会发现，可以从中学到许多东西。

在物理学家的眼里，色彩绚丽的肥皂泡薄膜就是很有用的东西，它不仅可以测出光波的波长，有助于研究薄膜的张力，还可以用来研究分子作用定律。这里的分子其实就是一种非常重要的内聚力，如果它不存在了，我们的世界就会变成一个只有微尘的世界。

接下来，我们就用几个实验来深入认识一下肥皂泡，或者说说肥皂泡这门艺术吧。

波依思曾经写过一本书，叫《肥皂泡》。书中详细介绍并说明了许多有关肥皂泡的实验，我们在这里说的实验均摘录于本书。

顾名思义，用肥皂溶液吹出来的泡沫就是肥皂泡。如果我们要想吹出又大又漂亮的肥皂泡，最好不要选择洗衣服用的肥皂，尽量选择橄榄油肥皂或杏仁油肥皂。先把它们溶化于干净的冷水中，最好是雪水或雨水，如果没有，凉开水也行。这样，吹出去的泡沫才会飞得更久一些。另外，如果在肥皂液中能再加$\frac{1}{3}$的甘油就更好了。现在，将调配好的溶液去掉表层浮沫，找一根一端里外已经涂抹了肥皂的吸管，将其插入肥皂溶液中。当然，在条件不足的情况下，可以用细麦秆代替。

接下来，我们就开始来吹泡泡。首先，将吸管竖直放入肥皂溶液中，一端蘸上一些肥皂溶液，另一端放入口中。随着我们的均匀呼吸，肥皂泡就会向上飞去。向上飞的原因是，我们口中呼出的热气轻于正常温度下的空气。

只要肥皂溶液配制成功，我们甚至可以吹出直径10厘米的肥皂泡。如果吹不出来，就往溶液中再加入一些肥皂。更神奇的是，将蘸过肥皂溶液的手插入吹出的肥皂泡时，肥皂泡并不会破。

当配制出这种成功的肥皂液后，我们就可以继续做实验了。

首先找一个光线充足的房间，然后要有耐心。如果想发现肥皂泡的美丽，这两点一定要保证。

实验一：肥皂泡包裹住花朵。将肥皂液倒入一个大盘或茶盘中，2–3毫米即可。将一朵花放置其中，先拿一个玻璃漏斗盖在上面，然后将它缓缓拿起，并用吸管向漏斗中吹气，直至出现一个肥皂泡。继续吹气至其达到一定大小，再按照图65右上所示，倾斜漏斗露出肥皂泡。此时我们会发现，花朵被一个薄膜上闪耀着各种彩虹的肥皂泡包裹住了。如图65右下所示，一个小石膏人像也可以用来做这个实验。如果我们在实验前把一些肥皂液滴于人像的头部，会发生更有趣的事情。在包裹石膏像的大肥皂泡被吹出来之后，我们可以在保持完好的状态下，用吸管在人像头部再吹出一个小肥皂泡。

把花朵包裹住的肥皂泡。 把花瓶包裹住的肥皂泡。

一个一个叠套的肥皂泡。 大肥皂套住了人像。人像头上还顶着一个小肥皂泡。

图65 几种肥皂泡的实验。

实验二：大肥皂泡套小肥皂泡。如图65左下所示，先用刚才的漏斗吹出一个大肥皂泡来，然后将一根长一些的吸管全部蘸上肥皂液，注意避开嘴上含的那一点儿。接着，将这个吸管伸至大肥皂泡的中心，然后往回抽，在与大肥皂泡的薄膜还有一点儿距离的时候停住吸管，开始吹出一个小肥皂泡。这时，大肥皂泡就套住了小肥皂泡。以同样的方式，我们可以继续在这个小肥皂泡里吹出一个更小的，甚至第二个、第三个……

实验三：圆柱体状的肥皂膜。如图66所示，准备两个铁环。先吹一个直径大于铁环的肥皂泡，放入其中一个铁环上，然后将另一个铁环放到大肥皂泡上，反向拉扯两个铁环。慢慢地，这个肥皂泡的形状就变成了一个圆柱体。更有趣的是，如果继续向外拉，圆柱体的中间会收缩。最终，两个铁环分别沾上了两个肥皂泡。

图66 圆柱体肥皂泡的制作方法。

肥皂泡不仅会对里面的空气产生一定的压力，还会受到表面张力的作用。如图67所示，在把火焰靠近吹有肥皂泡的漏斗口时，我们可以很明显地看到，火焰会偏向一边，这可以表明表面张力并不算小。

图67 肥皂泡受热后排出的空气。

另外，还有一个有关肥皂泡的有趣现象：当它从暖地方移到冷地方的时候，体积会变小。反之，由冷地方移至暖地方，体积又会变大。这正是热胀冷缩原理的体现。如果－15℃时，肥皂泡的体积为1000立方厘米，那么当它被移至15℃的房间时，我们可以计算：$1000\times30\times\frac{1}{273}\approx110$ 立方厘米。此时，它的体积就为110立方厘米。

很多人持有一种观点：肥皂泡的生命短暂，其实这并不准确。只要照看得当，它可以“存活”十几天的时间。

英国物理学家杜瓦将肥皂泡放入一个自己制作的大瓶子中，避免它受到尘埃和空气流动的影响。结果，这个肥皂泡“存活”了一个多月。被人用玻璃罩罩起来的肥皂泡，好几年之后才会破掉。

什么东西最薄、最细

我们经常用头发或纸来形容一样东西很薄，但若和肥皂泡相比，它们就不值得一提了。

可以说，人眼所能观察到最薄的东西就是肥皂泡薄膜了。肥皂泡薄膜的厚度大约是头发粗细的 $\frac{1}{5000}$。要知道，一根头发大约只有 $\frac{1}{200}$ 厘米粗。单用肉眼看的话，即使将肥皂泡薄膜的厚度放大200倍，我们也难以看清它的横截面有多厚。再放大200倍，就只有一根细线那么厚。如果是一根头发被放大这么多倍，足有2米粗了。如图68所示，我们将肥皂泡的薄膜与针孔、头发、杆菌和蛛丝等进行对比，可以看出，它们之间有着巨大的差别。

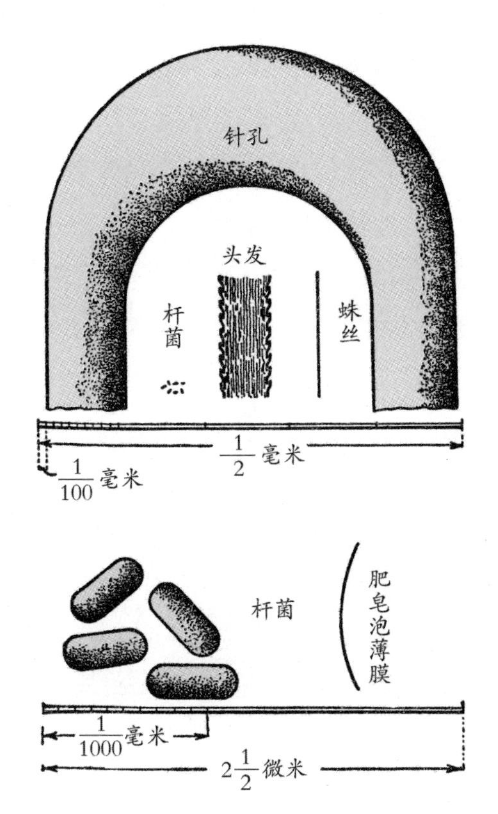

图68 上图分别是针孔、头发、杆菌和蛛丝被放大了200倍。

下图是杆菌和肥皂泡的薄膜被放大了40000倍。

不湿手

将一枚硬币放入平底盘子里，倒上清水将其淹没。如果让你不湿手而把它拿出来，你一定觉得不可能。

其实，只要借助一个玻璃杯和一张烧着的纸，我们就可以做到。将烧着的纸放入杯子中，迅速倒过杯子盖到盘子上，注意要将硬币留在杯子外面。等纸燃尽，我们会发现杯子里烟雾缭绕，慢慢地，盘子里的水全部流进了杯子里！这时，我们就可以在不湿手的情况下拿起硬币。

那么，水为什么会全部流进杯子里，并且在水柱那么高的情况下也不会流下来呢？其实就是空气压力。纸的燃烧令杯子内的空气压力变大，因此会排除一部分。等到纸烧完，杯子变凉之后，里面的空气压力又会变小。于是，盘子里的水就被杯子外面的空气压到了杯子里。

如图69所示，可以用两根插在木塞上并点燃的火柴替代纸来做这个实验。跟前面是一样的道理。

图69 用两根火柴将盘子里的水压到杯子里去。

当然，还有很多人持有不同意见。他们认为，是烧着的纸消耗掉了杯子中的氧气，所以杯子中的气体会减少。其实，这种解释是不正确的。如同前面所讲，导致这种现象的主要原因并不是氧气消耗，而是因为杯子里的空气受热。如果我们在倒扣杯子之前把它烫一下，而不用纸，结果也会是一样的。使用沾了酒精的棉花，效果会更好，可以烧得更久。另外，还可以这样去证明：燃烧的纸消耗掉的氧气所占的位置，可能比产生的二氧化碳和水汽所占的位置要小。早在公元前1世纪，古代物理学家菲罗就对这一现象做出了准确的解释。

我们如何喝水

水是生命之源，如果一连几天不喝水，我们甚至活不了。喝水的动作很简单，将杯子放到嘴边，然后将水“吸”到嘴里。这个动作我们每天都要做很多遍，已经习以为常，不需要任何人去教。

为什么水会流到嘴里，是什么东西把它吸进去的？答案如下：胸腔在喝水时变大，会把嘴里的空气抽出去，而口腔里的压力要比外面空气的压力小，这样水就会被压到空气压力较小的一边，即我们的嘴里。

我们还可以用一个同类现象来帮助理解：液体会随着连通管两边压力大小的变化在连通管里流动。

先在连通管里装上液体，将其中一个管上方的空气抽出一部分。此时，连通管另一个管里的液面就会在大气压力的作用下上升。另外，不管你如何用力，都不可能在把整个矿泉水瓶的瓶口含进嘴里的情况下吸出水来，因为此时嘴里的气压与瓶子里的空气压力完全相等。

严格地说，我们喝水不只用到嘴巴，还要用到肺部。正是因为肺部的扩张，水才能流进嘴里。

改进的漏斗

为了避免液体倒的到处都是，我们通常会用漏斗来向瓶口比较小的瓶子或罐子里倾倒液体。但是，你知道使用漏斗的正确方法吗？必须时不时地向上提一下漏斗。否则，液体就会停在那里，不往下流。原因是什么呢？原来，不时地向上提一下漏斗可以排出瓶子里的空气，否则气压会阻止液体流到瓶子里。刚开始，液体可能会流进去一些，但随之而来的空气会在继续往里倒液体时产生向上的压力，液体便会被阻挡在外。为了让瓶子里的空气排出去一些，保证液体能顺利流入，正确的方法就是时不时地提一下漏斗。

但是，每次使用漏斗都这样做，确实太麻烦了。有人便把漏斗的外面做成瓦楞的形状，如此一来，改进过的漏斗与瓶口之间始终留有缝隙，瓶子内的空气也比较容易排出。此后，这种改良的漏斗经常出现在一些实验室里。

一吨木头和一吨铁

一吨木头与一吨铁，哪一个重呢？这是我们小时候经常碰到的问题。当有人回答"一吨铁"，大家就会哈哈大笑；当有人回答"一吨木头"，大家更觉得他脑子"秀逗"了。但从某种意义上说，这种说法其实具有一定的道理。

阿基米德原理是物理学上的重要定律之一，它对液体和气体同样适用。借由这个原理可知，物体在空气中失掉的重量，等于这个物体所排开的同体积空气的重量。

要想计算出木头与铁的真正重量，就要把它们在空气中失掉的那一部分重量加上去。所以，在之前提到的问题中，1吨木头加上跟这1吨木头同体积的空气的重量才是木头真正的重量。同样，1吨铁加上跟这1吨铁同体积的空气的重量才是铁真正的重量。

1吨木头大约占$\frac{1}{8}$立方米的体积，约是1吨铁的16倍，两种物体所占的空气相差大约2.5千克。所以，1吨木头真的重于1吨铁。更确切地说，在空气中，1吨木头的真正重量要大于1吨铁的真正重量。

失重的人

小时候，我们都曾幻想过自己变成一根羽毛，那样地心引力就不起作用了，我们可以飞到任何想去的地方。但是，因为我们重于空气，所以只能在地面上行动，根本不可能飞起来。而且，即便是羽毛，也不能想去哪儿就去哪儿，因为它的重量也大于空气。因此，飞过一段时间，它也会一样落下来。

托希利曾经说过："我们人类，其实生活在空气海洋的底部。"

如果我们真的变得比空气还要轻，就会由这个"海洋"的底部不断向上升起，一直到空气密度和我们身体密度相等的位置才会停止，那至少也是几千米高度的地方。由于空气过于稀薄，我们根本无法控制自己，那时候就会变成空气的"俘虏"，它让我们去哪儿我们就去哪儿，而不是我们自己想去哪儿就去哪儿。

威尔斯曾经在一篇幻想小说中描写过这种不同寻常的经历，情节如下：

敲了许久都没有人来开门，不过我的耳边还是传来了钥匙的转动声，紧接着就听到派克拉夫特（胖子的名字）的喊声："请进。"

我轻轻扭了一下门柄，推开了房门。起初，我以为派克拉夫特就在门后，一眼即能看到，可是他竟然不在房间里！

整个书房乱糟糟的，在东倒西歪的书本和文具中间，胡乱夹杂着一些碟子和汤盆，椅子掀翻在地，可就是不见派克拉夫特的身影……

“嘿，我在这儿，老兄！快关上门！”他喊起来。此时，我才发现大胖子朋友竟然挂在天花板下，就在靠近门框的角落里，全身好像被什么东西粘住了，脸上满是恼怒和惊惧。

“千万别有什么差池，派克拉夫特先生。稍不小心，您就会跌下来的，可别把头摔伤了。”我惊讶地说。

“我就是想跌下来呢！”他恨恨地说。

“您这么大把年纪和这么沉的体重，竟然能做如此高难度的运动，真不简单……可是，我想不明白，您是怎样把自己挂在天花板上的？”我的惊奇丝毫未减。

突然，我发现在没有任何东西支撑的情况下，派克拉夫特完全飘浮在天花板下，就像吹足了气的氢气球那样贴着天花板。

他的双脚使劲蹬着天花板，双手紧紧抓着门框，想沿着墙壁爬下来。他的一只手已经抓住了一个画框，可很快画框就离开了墙，失去牵绊的他跟着向天花板飞去，狠狠地撞了一下，接着又整个人紧贴着天花板。

看到这一幕，我终于明白为什么他的双膝和双肘有那么多白粉了。他的双手不停往下抓，这回抓到了壁炉，接着又努力往下爬，这次的动作更小心了。

派克拉夫特一边爬，一边喘着粗气：“太灵验了，太灵验了！你的药方让我几乎失去了全身的重量。”我一下子明白了！

“派克拉夫特！您其实只想治疗您的肥胖病，可是之前您却总是说要减轻体重……好了，不说这些了。您别急，我马上来帮你。”我一边说，一边上前抓住他的一只手，使劲向下拖。他紧紧地抱住我，努力地伸出双脚想站稳，整个身体却不由自主地在房间里蹦来跳去。

简直太不可思议了！我抓着他就像在大风中努力拉扯着船帆。

“那儿有一张桌子，”不幸的胖子朋友气喘吁吁地叫道，他已经疲惫不堪了，“很重，很结实。赶快把我塞到下面，快，快……”我赶紧照做。

可是，即便他全身都已藏在桌子底下，却一刻都没有停止摇晃。就像一直想飞到空中的氢气球一样，他的身体很不安分。

“必须提醒你一件事情，”我严肃地说，“您可千万别跑到屋外去。要是到了屋外就没那么幸运了，您可能会升到高空，永远回不到地面了……”

面对如今的处境，我只能安慰他，提醒他要面对现实，多想想方法，比如试着用双手在天花板上走路，这对他来说应该不是什么难事。

“我最痛苦的是没法安稳地睡觉。”他苦恼地说。

于是，我将一个软床褥子铺在钢丝床上，并把睡觉用的其他东西也一一绑在上面，最后把被子牢牢系在床边。

我请人搬来一个木梯，把所有食物移到书橱顶上。当然，我们还想出一个办法，能让他随时落到地面上来。这个方法非常简单，就是把厚厚的《大英百科全书》搬到书橱最上层，他只要抱着两卷书，就可以轻松落地了——真是一个绝顶聪明的办法！

为了让他能好好地生活，我足足待了两天。在这两天里，我竭尽所能地想办法，用钻子和小锤做了一些奇特的用具，还在他腰上系了一根电线。有麻烦时，可以随时按下唤人铃。

我靠在壁炉旁边休息，而胖子朋友呢？仍将自己挂在门边的那个角落里，那可是他现在最喜欢的地方了。

此刻，他正拿着一张土耳其地毯，想把它钉在天花板上。

突然，我想到了一个好办法：

“派克拉夫特！”我兴奋地喊起来，“唉，看来我们是在白费力气了！

在衣服里装一些铅片不就能解决所有问题了吗!”

听了这句话,派克拉夫特激动得差点儿掉下眼泪。

“我马上去买一张铅板,”我接着说,“对,把铅片装在衣服衬里。嗯,靴子里也装一层铅片,最后再给您做一个实心铅皮手提箱,就解决一切麻烦了!到那时,您就不用老待在房子里,可以随时出门,甚至可以去国外旅行。您还丝毫不用担心安全,万一轮船出事,只需要脱掉身上的一两件衣服,就可以在空中飞啦!”

图70 “兄弟,我在这儿呢!”

乍一看,幻想小说中的这些情节似乎没有什么破绽,比较合乎情理。但是经过缜密的分析,仍然存在一些问题。例如,就算是体重完全消失的胖子,也不可能飞到天花板上。

由阿基米德原理可知,如果胖子的衣服和口袋里的东西比他身上所排开的空气重，那么，即使体重完全消失，他也不会飞起来，更别说飞到天花板上了。如果我们粗略地计算一下人体所排开空气的重量，便会发现它非常小：一般60千克是普通人的平均体重，而水的密度与人体相差无几。就是说，60千克也是同体积的水的重量。我们知道，水的密度大约是空气的770倍，为$\frac{60}{770}$千克，即80克左右，就是人体所排开空气的重量。

假设胖子本身体重100千克，他最多只能排开大约130克重量的空气。胖子身上穿的衣服、鞋子等加在一起的总重量，怎么可能小于130克呢？因此，胖子仍然会停留在地板上，最多是站不稳，根本不可能飞起来，更不要说飞到天花板上了。只有在不穿衣服的情况下，他才会浮起来。穿着衣服的话，就会像“跳球”一样，随着别人的触碰而左右摇晃。就算飞起来了，一会儿也会慢慢落下。

永不停止的钟表

这本书中谈到了各种各样的永动机，经过分析，知道它们都不可能实现。现在，我们来看另外一种“免费”的动力机。所谓“免费”的动力机，就是不需要人去操作却能长时间工作的机械，它所需要的动能来自于周围的自然环境。

我们都见过气压计，气压计可以分为两种：一种是水银柱随着气压的变化而升高或降低的水银气压计，另一种是指针随着气压的变化而摆来摆去的金属气压计。

18世纪，有一位发明家利用气压计原理，发明了一种不需要外力就可以走动并能一直走下去的机械装置，它是一个时钟。

1744年，英国机械师、天文学家弗格森高度赞扬了这个时钟：“通过仔细观察，我发现它由一个特殊气压计里的水银柱升降来带动，可以相信，这个钟会一直走下去，即使把气压计拿走，贮藏在时钟里的动力也能保证它走上一年。坦白地说，在我所见过的机械装置里，这个时钟的设计最精巧，它简直太完美了！”

不知道这个时钟是否真的存在于世，或者现在在哪里，但是根据图71所示的设计图，我们有可能重新复制。

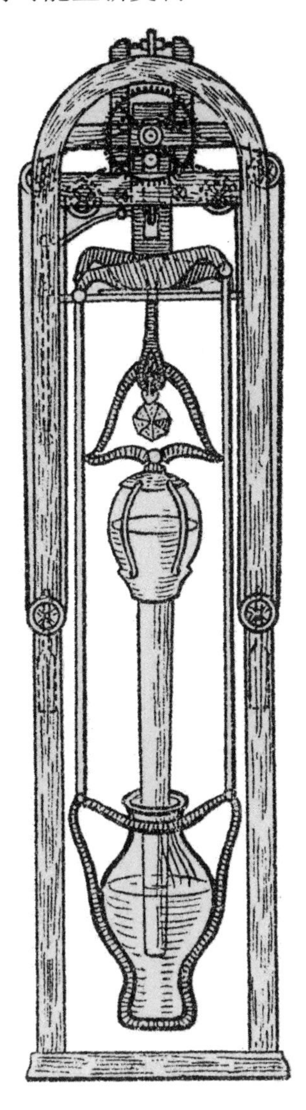

图71 18世纪，“免费时钟”的设计图。

由图可知，一支大型的水银气压计在这个时钟里，盛有水银的玻璃壶挂在框架上，一个长颈瓶倒插在玻璃壶里。在玻璃壶和长颈瓶里，一共装了150千克水银。玻璃壶和长颈瓶会随着气压的变化而移动：气压变大，时钟里的杠杆会使长颈瓶向下移动，玻璃壶则会向上移动。反之，气压变小，玻璃壶会向下移动，而长颈瓶会向上移动。一只小巧的齿轮会随着它们的移动而向一个方向转动，如果气压没有变化，齿轮就会完全静止不动。此时，上面的重锤落下，带动齿轮继续转动。当气压变动得太快，重锤会被提上去，那就需要一个能让重锤升到一定高度后自己落下来的特殊装置。必须承认，即使是现代人也很难想到，古代的发明家却把这个问题想到并解决了，这个重锤的设计实在是精妙绝伦。

可以看出来，之前提到的所谓的“永动机”与类似这种“免费”的动力机械存在很大的区别。“免费”的动力机械中的动力来自于机械装置的外面，而非无中生有。这里的时钟是从周围的气压中得到的动力。不可否认，“免费”的动力机械和真正的“永动机”非常经济实惠。但要注意一点，它的制造成本并不能与得到的能量成正比。等我们以后讲到另一种“免费”的动力机械时，再进行深入讨论。

Chapter 6

“十月”铁路有多长

“十月”铁路有多长？有人这样回答：“它的平均长度是640千米，夏天要比冬天长300多米。”

是的，你没听错，这是最精确的答案，而且是一个令人惊讶的答案。

谁都知道热胀冷缩的原理。铁路由钢轨铺设而成，钢轨也会热胀冷缩，夏天来临时，它确实会变长一些。随着温度每升高1℃，钢轨平均伸长的长度大约是本身长度的十万分之一。这个数据听起来很小，但要知道，钢轨在炎热的夏天可以达到30℃-40℃，甚至更高。此时伸手去摸钢轨，有被烫伤的可能。到了冬天，钢轨又有可能下降到-25℃。

因此，它在夏天和冬天的温度相差很大，姑且暂记为55℃，那么我们可以计算出一条全长640千米的钢轨在夏天和冬天相差了300多米。

$640 \times 0.00001 \times 55 \times 1000 = 352$ （米）

换句话说，从莫斯科到圣彼得堡之间的“十月”铁路，夏天要比冬天长300多米。

当然，两个城市之间的距离和钢轨的总长度并不是一个概念，我们此处说的是后者的变化。正因为钢轨预热会膨胀，所以在铺设时，两根铁轨之间一定要留出一定的空隙。借助数学知识，我们得知，夏天比冬天长出的这300多米平均分布于钢轨之间的空隙中。由此可以得出一个结论：“十月”铁路钢轨的总长度在夏天要比冬天长300多米。

一根长8米的钢轨，在0℃时，需要留出6毫米的间隙。这样的话，间隙会在温度达到65℃时胀满。但是，受到技术条件的制约，电车在铺设钢轨时无法留出间隙。因此，电车的钢轨一般都是被埋在温度变化不会很大的地里。这样做还有一个优点，就是由于钢轨被埋在地里，不容易遭到挤压而导致弯曲。不过，要是天气非常热，电车钢轨还是有可能胀弯的。

如图72所示，这张图是根据一张照片画出来的。显而易见，图中的电车钢轨是弯的。在铁路上，特别是斜坡上的钢轨有时也会发生此类现象。列车巨大的重力和冲击力，经常会带着轮子下面的钢轨前进，钢轨之间的空隙无形中就消失了。当枕木也被带着向前动的时候，两根铁轨随之连接起来。

图72 电车轨道变弯了。

免于惩罚的盗窃

莫斯科到圣彼得堡之间，每年冬天都会被“偷”走几百米的电话线。虽然大家都知道是谁干的，但这个“小偷”却没有受到任何惩罚。其中的原因是什么呢？因为这个“小偷”是寒冷的冬天。

如同我们前面说过的铁轨一样，电话线到了冬天是会收缩的。铜芯的电话线对天气变化更加敏感，而且热胀冷缩的程度也大于钢轨，大约是钢轨的1.5倍。二者之间还有一点不同，如果电话线留出空隙，就不能接通电话了。借助于刚才的比例关系可以知道，冬天时，莫斯科到圣彼得堡之间的电话线要比夏天时大约短500米。也就是说，正是寒冷的冬天“偷”走了500米电话线。当然，这并不会影响两地的正常通话。到了夏天或天气暖和的时候，这500米电话线又回来了。

在这里，我要提到一个有关巴黎市塞纳河桥的真实案例。1927年12月，连续多日的严寒侵袭了法国，巴黎市中心的塞纳河桥严重损坏。桥上的铁架明显收缩，桥面的砖体多处断裂或凸起，交通一度被迫中断。

埃菲尔铁塔的高度

埃菲尔铁塔有多高？你可能会说“300米”。那么，依照前面所学的内容，不管是冬天还是夏天，它都能保持300米的高度吗？

众所周知，埃菲尔铁塔也是一座铁塔，而铁是会热胀冷缩的，所以它在冬天和夏天一定拥有不同的高度。已知随着温度每升高1℃，100米长的铁杆就会增加1毫米。那么，来计算一下埃菲尔铁塔增加的高度。它的正常高度是300米，增加的高度就是3毫米。假设，夏天时的埃菲尔铁塔温度为40℃，冬天时一定会低于0℃。我们姑且按照0℃计算，那么二者的温差就是40℃。换句话说，在一年当中，埃菲尔铁塔最高和最矮时相差了120毫米，即12厘米。

当然，这只是我们的计算结果。事实上，埃菲尔铁塔对温度的变化非常敏感。当我们刚刚觉得天气变冷，它就已经稍稍变矮了。当太阳出来，我们感觉到温暖之前，它正在悄悄变高。

要说明的是，为了保证准确性，埃菲尔铁塔的高度是用镍钢丝测量出来的。镍钢丝几乎不受温度的影响，始终保持原来的长度。

从茶杯到玻璃管

将滚烫的茶水倒入玻璃杯中，杯子有可能会炸裂。为了防止这一事故发生，有人发明了一种往杯子里放银勺子的方法：先在杯子里放入银勺子，倒入的热水就不会再把杯子烫破了。这是什么原因呢？首先，我们来解释一下往杯子里倒热水时会炸裂的原因。

玻璃在受热时不是同时膨胀的，即各部分膨胀的时间不一样，特别是杯子里外膨胀的时间。热传导需要一个过程，往杯子里倒热水时，杯子的内壁瞬间被烫热了，但它的外面还是凉的。同一时间，内壁受热膨胀，外壁却因为比较凉而无法膨胀，所以内壁挤压外壁，外壁被撑破，杯子随之炸裂。

有人会问，比较厚的玻璃杯是不是就不容易破了呢？相反，厚玻璃杯比薄玻璃杯更容易破。在倒入热水的时候，玻璃杯内壁迅速受热膨胀，由于杯壁较厚，热量传导的时间更长，外壁更难膨胀，所以也更容易炸裂。而薄的杯子传热较快，外壁也会很快膨胀，反而不那么容易炸裂。

因此，我们在选购玻璃制品或茶杯时，一定要选那种杯壁薄、底部也薄的产品。杯子的底部一般是最先接触热水的地方。所以，往杯子里倒热水的时候，杯子底部一般是最热的。如果只是杯壁很薄，而底部还是很厚的话，一样容易炸裂。选购瓷器的时候，也要注意这一点。

现在，看到化学家用很薄的试管做化学实验，是不是也可以理解了呢？因为越薄的玻璃制品或瓷器就越难炸裂，这样在做实验的时候，就不怕试管加热时被炸裂了。

当然，玻璃的特性决定了它对热胀冷缩比较敏感，因此薄一些的玻璃也只是相对不易炸裂，并非不会炸裂。比较而言，石英就是一种更加安全的材料。它导热特别快，热胀冷缩程度只有玻璃的 $\frac{1}{20}$ 至 $\frac{1}{15}$ 。换句话说，即使是比较厚的杯子，如果用石英制成，也不容易炸裂。更夸张的是，即使你把烧得浑身通红的石英制成的器皿扔到冷水里，也不会炸裂。

前面我们提到，往玻璃杯里倒热水，杯子有可能会炸裂。相反，将盛满热水的玻璃杯从比较暖和的地方迅速拿到比较冷的地方，杯子也容易冻裂，同样是热胀冷缩的原因。当所处的环境发生迅速的变化，玻璃杯的不同位置受到了不同的压力。外壁遇冷收缩，一股强大的压力压向还未收缩的内壁，内壁随之破裂。因此，一定不要把盛有滚烫食物或液体的玻璃罐立刻拿到温度很低的环境中。

现在，我们再来说一说，为什么放入一个银勺子之后，玻璃杯就不容易炸裂了？

要注意的是，之前一直说的是往杯子里倒入热水，玻璃杯比较容易炸裂，温水则不然。利用这个原理，我们将一个勺子放进杯子里，往杯子里倒热水时，热水的温度会迅速传到导热性较好的金属制品而非玻璃上。所以，此时热量传到勺子上，水的温度随之降低，玻璃杯不会迅速受热，内壁也就不再挤压外壁，杯子自然就不那么容易炸裂了。

事先放入的这个勺子起到了缓和杯子受热不均的功效，可以防止杯子炸裂。而且，勺子越大，导热性能越好，金属勺子更佳。

那么，银勺子会更好一些吗？为什么要单独强调呢？确实如此，银比不锈钢的导热性要强得多，是很好的热导体。如果你试过上述方法，一定会发现，如果把不锈钢勺子放在开水里，顶多是有点儿热，根本感觉不到烫，但如果是银勺子，那就非常烫手了。

一个关于靴子的故事

为什么冬天夜长昼短，而夏天夜短昼长呢？冬天的白昼之所以短，是因为气温低冷缩了。夜晚之所以长，是因为家家户户点了灯，气温升高，因而膨胀了。

在小说《顿河退伍的士兵》中，契诃夫做出了上述解释。看完之后，你一定觉得很好笑吧？因为大家都知道，事实并非如此。可是，还有很多人也经常闹出这样的笑话。例如，有人说在刚洗过热水澡后，脚受热膨胀，胀得穿不进靴子了。如此解释，真的合理吗？

需要注意一点，在洗热水澡时，身体的温度基本不会升高，或者说最多升高1℃-2℃。因为身体机能会帮助我们保持稳定的体温，并让身体迅速适应周边的环境。

即使我们的体温增加了1℃-2℃，体积的增加也非常有限，穿靴子时绝对不会察觉。通过测算得知，人体各个部分的膨胀系数不到千分之一，因此人脚胀大时最多不会超过1毫米。一双普通的靴子会缝制得那么精细，穿起来连一根头发丝的粗细都能区别出来吗？

既然如此，洗完澡后穿不进靴子到底是什么原因导致的呢？其实那并非是热胀冷缩，而是出于另一种原因：洗澡时，较高的水温会促进脚部的血液循环，此时脚会充血，有时甚至导致外皮肿胀，因此脚就变大了。

奇迹是如何创造出来的

很久以前，有一位名叫西罗的古希腊机械师，为了帮助埃及的祭司欺骗大众，他发明了一个喷泉。

如图73所示，这是一个安放在庙宇外面、用空心金属制成的祭坛。可以打开庙宇大门的机关放置于祭坛下面的地下室里。当祭坛里烧起火时，下面的空气受热膨胀，对地下室瓶子里的水施加压力，将其压到旁边的另一根管子里，水随之流进桶里。装上了水，桶的重力增加，落到下面的机关上，从而带动传送装置。如图74所示，庙宇的大门就会被这个传送装置打开。

图73 帮助埃及祭司骗人的祭坛。

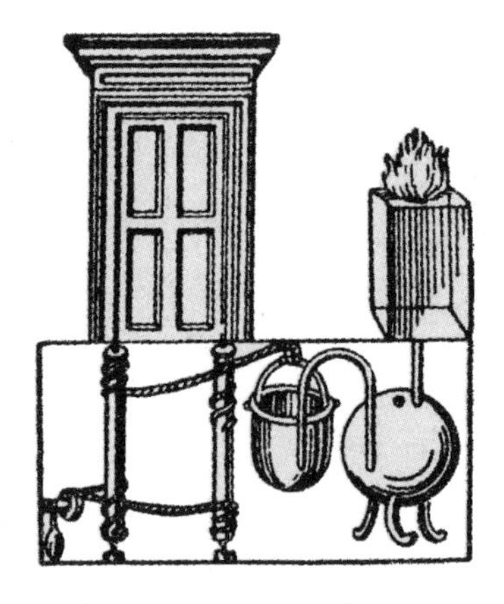

图74 庙宇大门的传送装置。当祭坛里烧起火时，大门就会自动打开。

祭司们还想出了另一个骗人的伎俩，如图75所示。当祭坛里烧起火时，空气受热膨胀，把压力传递到下面的油箱里，并将其中的油压到两个祭司像的管子里，这些油顺着管子流到火上，令火燃烧得更旺。当祭司拔掉管子时，油不再流到火上，火也就不会烧得更旺了。通过这种办法，祭司吓走了不少前来祷告的“吝啬鬼”。

图75 另一种骗人的伎俩，让油自动流到祭火上。

不用上发条的钟表

我们在前面提到了一种钟表，它不需要人手动上发条，而是利用大气压力的改变来提供动能。现在，我们来看一看另一种钟表，它也不需要人手动上发条就可以走动，是利用热胀冷缩的原理制成的。

如图76所示，钟表主要由两根特殊合金材料制成的长杆 Z_1 和 Z_2 构成，这种材料具有较大的膨胀系数。 Z_1 杆和 Z_2 杆分别连在齿轮X和Y上。当它们受冷或受热时，就会伸长或缩短， Z_1 杆就会带动齿轮X转动，而 Z_2 杆会带动齿轮Y转动。因为齿轮X和Y装在同一根转动轴上，所以当它们转动的时候，会带动外面的大轮子一起转动。大轮子上装着一些勺子，随着轮子的转动，勺子从下面的水银槽中舀水银上来。此时，装水银的勺子会随着轮子转动，水银就会顺着槽 R_2 流到左边的轮子上，进而带动左边轮子转动，通过链条带动时钟的弹簧运动。

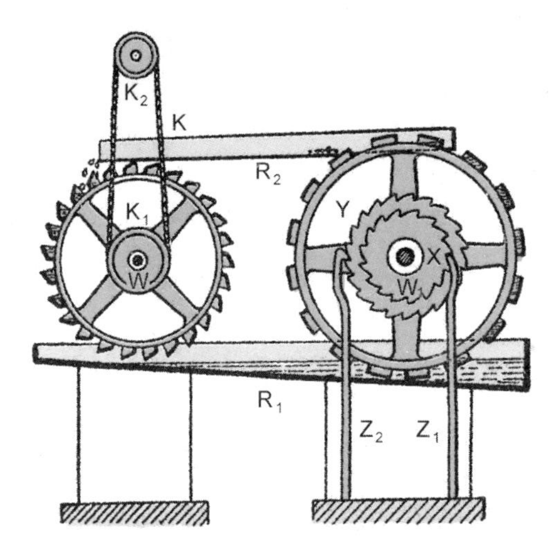

图76 不用上发条的时钟。

从左边轮子上流下来的水银会流到槽 R_1 中，并顺着槽 R_1 流回右边的大轮子下面，然后再被勺子带到上面的槽 R_2 里去。

换句话说，只要 Z_1 和 Z_2 两根长杆的长度发生变化，就会带动齿轮转动，那么这个钟表永远不会停下来。因此，只要将钟表放在一个环境温度一直变化的地方，它就能一直走下去。事实也正是如此，我们完全不必担心它会不会走。这个钟表根本不用上发条，只要将它放到任何一个有温度变化的环境里，长杆 Z_1 和 Z_2 都会伸长和缩短，它会一直走动下去。

这个钟表可以一直走下去，直到里面的某个构件损坏为止，但它依然不能称为“永动机”。因为钟表不是没有动力，它的动力是周围空气的热量，这是周围空气温度变化，通过热胀冷缩做功，使得这个钟表转动的。所以，这只是一架“免费”的动力机，却不是真正的永动机，它的动力并非无中生有，而是来自太阳的能量。

如图77和图78所示，这是一种不用人为提供动力、能自行转动的钟表，也是一种利用甘油会随着温度升高而膨胀的原理制成的钟表。它通过甘油的这一特性带起了重锤，重锤落下去的时候随之带动钟表。甘油大概在-30℃时才会凝固，在290℃时才会沸腾，因此这种时钟比较适用于广场或开阔的地方，只要周围温度变化达到或超过2℃，它就会不停走动。曾经有人做过一个关于这种钟表的实验，在无人触碰的情况下，它比较精确地走了一年。

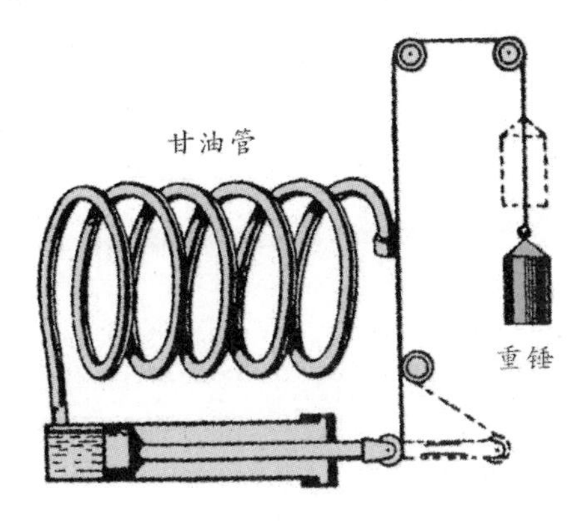

图77 利用甘油制动且不用上发条的时钟。

图78 底座装有甘油管且不用上发条的时钟。

这种机械使用“免费”的动力，实在是十分划算，我们可否利用该原理制造出一个很大的动力机械呢？很多人都会心动吧。其实，曾经有人算过，这样一个钟表上紧发条，走一昼夜所需要的功率大概是：$\frac{1}{7}\times 9.8$焦，大约需要$\frac{1}{6\times 105}\times 9.8$焦/秒。

1马力等于735瓦，所以这个钟表的功率大约为1马力的$\frac{1}{45000000}$。现在，假设前面那个钟表的两根长杆或者第二个钟表的构件为1分钱，那么，需要1分×45000000=450000元才能让这种发动机发出735瓦的功率。换句话说，我们需要将近50万元，才能制造出1马力的这种发动机。哎，真是太贵了！

香烟给我们的启示

在火柴盒上放着一支点燃的香烟，两端都有烟冒出来，如图79所示。仔细观察你会发现，从烟头冒出的烟向上走，从烟嘴冒出来的烟向下走。它们都是从一支香烟里冒出来的，为什么方向却不同呢？

的确，两端的烟都是从一支香烟里冒出来的。但是，在烟头被烧着的那一端，热空气形成上升气流，带着烟向上走。在烟嘴的一端，烟和空气均已冷却，而且烟粒又比空气重，因此烟就会向下走了。

图79 两端冒烟的香烟，一端的烟向上走，另一端的烟向下走。

开水中不会融化的冰块

如图80所示，将一块冰放到一个试管中，注意，试管中要装满水。冰块比水轻，所以它会浮在水面上。此时，用一枚硬币或其他重于水的东西，将冰块压到试管底部。现在，再用酒精灯燃烧试管的上端，直至水面沸腾并冒出气泡和蒸汽。

图80 在试管中，上端的水已经沸腾了，但是下端的冰块却没有融化。

令人惊讶的事情发生了，其中的冰块竟然没有融化！这是为什么呢？

其实，此时试管底部的水还是凉的，并没有沸腾。就是说，冰块位于沸水的底部，而非沸水之中。由于受热的水会变轻，沸腾的水便不会向下流动，而是向上流动。

换句话说，沸腾的水并没有流到冰块所在的试管底部，一直在试管上端流动。当试管上端受热时，底端的冰块只能依靠中部水的导热作用来受热，而水的导热度很小，因此冰块没有融化。

由此可知，我们在烧水时为什么加热的是热水壶的下面，而不是上面。

放在冰上还是冰下

之前我们提到，水在烧热后比较轻，会向上流动。所以在烧水时，我们一定要把水壶底部放到火上，而不是放到火的旁边。烧热了水壶底部的水，上面的水才会热。这样做才可以说是最有效地利用了火焰的热量。

反过来，假如我们想用冰来冷却某个物体时，该怎么做呢？很多人会想当然地认为，将物体放在冰上。这个观点真的正确吗？实验证明，当我们将装着热牛奶的杯子放在冰块上时，根本无法让热牛奶快速冷却。因为冰块上面的空气冷却后会向下走，此时，刚才冷空气的位置便会被杯子周围的热空气迅速占领，因此上面的热牛奶不能迅速冷却。

那么，正确的方法是什么呢？将冰块放在热牛奶的上面，而不是放在下面，热牛奶很快就会冷却下来。

让我们再解释得详细一些：将热牛奶放在冰块上面时，冷却的空气向下走了，牛奶的周围没有冷却的空气，被冷却的只是牛奶下面一小部分，上面的牛奶并没有冷却，甚至仍然是热的。所以，要把热牛奶放到冰块的下面，此时热牛奶的热气流上升至冰块，然后迅速冷却，上面的温度降低了，底下的热牛奶就会升上去。同时，下面的牛奶也会被向下流动的冷气流冷却（冷却后通常能达到的最低温度并非0℃，而是4℃）。

为什么关着窗户，风还能吹进来

屋子里的窗户已经关得很严了，还是会觉得有风吹进来，你觉得奇怪吗？其实没什么大惊小怪的，这只是一个很普遍的现象。

不管是什么样的房间，都有我们看不见的空气在流动。房间里的空气一直随着房间里上下波动的温度而受热或冷却。受热时，空气会变得稀薄，稍微轻一些；冷却时，空气又会变得比较重。

房间里的电灯会引起周围空气变热，烧水也会引起周围空气变热，由此形成的热气流在受到冷气流挤压时就会上升到天花板、窗户以及墙壁附近的冷空气就会随之向下流动。

通过一个小小的气球，我们可以明显地观察到这种气流运动。先在气球上挂一个小东西，使它悬浮在空中，再把气球放到火炉旁。在看不见的气流的带动下，气球会在房间里缓慢飘行，先上升到天花板底下，接着向窗户飘去，而后轻轻滑落在地板上，又重新回到火炉旁，绕着房间转圈。

在紧闭窗户的房间里，我们仍然感觉到有风吹过，原因就在这里。

风轮的奥秘

我们用一张纸来做一个好玩的东西。首先把它剪成长方形，沿着它的横竖中线分别对折一下，然后再展开。此时，这张纸的中心就是两条折痕的交叉点。再用一根针穿过纸片的中心，并把针竖立在桌子上。

因为针尖顶在纸片的中心，所以纸片会在针尖上保持平衡。这时仅需一点儿微风，纸片就会随之转动。

如图81所示，轻轻地把手放到纸片边上，注意动作幅度不要太大，否则手带起来的风有可能把纸片从针尖上吹下来。这时，令人惊讶的事情发生了，纸片转起来了，并且越来越快。随着手的离开，纸片会停止转动。随着手的靠近，纸片又继续转动。

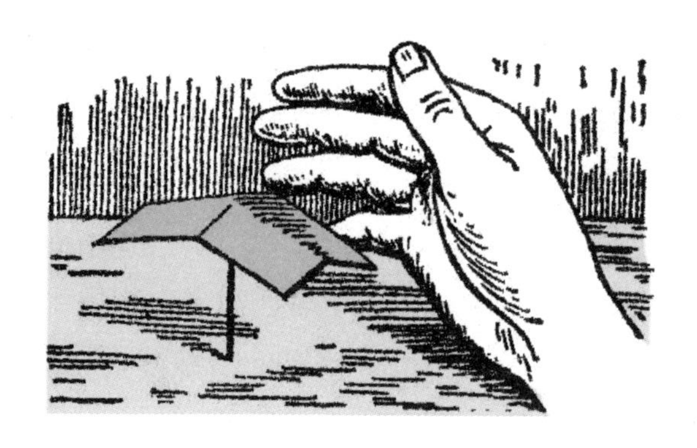

图81 为什么纸片会随着手的靠近而转动起来?

为什么会如此神奇呢?在这个问题还未解开之前,有人宣称这是一种超能力,并借此欺骗另一些不明真相的人。那些信奉神秘教的人更相信这是人体发出的一种神秘力量。

下面,我们就来解释一下其中的科学原理。当我们靠近纸片时,手下面的空气被手温暖了,随之慢慢上升,碰到了纸片,纸片就会开始转动。

同理,如果我们将纸条卷一下,放到台灯上方,它也会转动,因为折过的纸条有折痕,必然有一个倾斜的角度。

经过仔细观察,我们还可以发现,这张纸片的转动方向都是从手腕转向手指,不会发生变化。

这又是为什么呢?原因很简单,因为手掌较热,对周围空气产生的作用比较大。手指没有那么热,对空气产生的作用就要弱一些。很自然地,手腕旁边的空气流强大一些,给纸片的力量也就大一些。

皮袄能温暖我们吗

为了保暖,我们会在冬天穿上厚厚的皮袄。如果我说皮袄并没有带来温暖,你可能不相信。穿上它之后确实不冷了啊,怎么可能没有带来温暖呢?还是用实验来说话吧。我们来验证一下,皮袄是否带来了温暖。

把一个记录初始温度的温度计放入皮袄里包裹起来，几小时之后再拿出来。这时你会发现，温度计上显示的读数与之前的读数相同，没有什么变化。

一个简单的小实验已经证明了皮袄不能带来温暖，但还是会有很多人觉得难以置信。可是，事实摆在眼前，不容置疑。能给我们带来温暖的是电灯、火炉和身体本身，这些东西才是热源，皮袄并不是热源，它的存在只是防止我们身上的热量散发出去。温血动物们本身就是一个热源，穿上皮袄后，皮袄阻止热量散发出去，等于把热量保存在体内，这样才会感到温暖。刚才实验中的温度计并非热源，不可能产生热，无论它被皮袄包裹多长时间，读数都不可能发生变化。

我们有时会用皮袄来保存冰块，正是利用了它的这一特性，阻止外面的热空气跑到里面的冰块上。

其实，冬天的雪也和皮袄具有相同的特性，能让下面的土地保持温度。原因在于雪花同其他粉末状物体一样，属于热的不良导体，可以阻止热量的传递。农民朋友们都知道这样一个道理：雪下的土地和没有被雪覆盖的土地，温度相差很大。如果用温度计来测量，温差可能达到10℃或更多。

我想，此时的你一定解开了心中的谜团。那么，再来总结一下：我们的身体给了自己温暖，皮袄阻挡了热量向外传递。可以说，我们给了皮袄温暖，而不是皮袄给了我们温暖。

我们脚下是什么季节

你可能从来没有想过，我们的脚下是什么季节。地面以下3米的地方，在夏天时是什么季节呢？如果我这样问你，你会如何回答？

大部分人可能会说也是夏天。在这里，我要纠正一点，地面以上的季节和地面以下的季节其实是不同的，因此这个答案并不正确。

我们知道，即便是在最寒冷的冬天，埋在地下的自来水管也不会被冻住或冻坏，这是因为我们脚下的土地是热的不良导体。即使地面以上季节变换，地面以下也要很久才能感受得到。随着地下深度的增加，感受到的时间会越来越迟。

举一个例子来说明：我们曾在俄罗斯的斯卢茨克做过一个实验，天气最温暖的时候，地下3米的地方要比地面以上最温暖的时候延迟76天，最冷的时间就更长了，延迟长达108天。换句话说，如果地面以上最冷的时候是1月15日，地下要等到5月才会感觉到冷，而且地下越深，延迟时间越长。如果地下3米的地方在10月9日达到最热，那么地面以上其实在7月25日就已经最热了。

在时间上，温度的变化会随着地下深度的增加而延迟，而且也会随之减弱，达到一定深度后就不怎么变化了。在这个深度上，温度每天都固定不变。

在巴黎天文台，在地窖28米深的地方，放置了一支几百年的温度计，一直保持在11.7℃，从来没有变过，据说那是大科学家拉瓦锡的温度计。

综上所述，我们和我们脚下的土壤，并不能同时感受季节的变化。地下温度变化缓慢，当我们进入夏天时，地下3米深的地方可能还是寒冷的冬天。当我们进入冬天时，那里可能还是秋天。

在研究地下生物时，必须掌握土壤的这一特性。例如，树木的根部细胞繁殖一般发生在寒冷时节，在温暖时节里大多会停止活动，恰好与地面以上的树干部分相反。这种情况听起来很诧异，但当我们知道是基于土壤的特性后，也就不觉得奇怪了。

用纸锅煮鸡蛋的奥秘

如图82所示，将一个鸡蛋放在一张纸做的锅里煮，你一定觉得纸会被火烧掉。

图82 用纸锅煮鸡蛋。

如果你也试一下，就会发现纸锅不会被火烧掉。这是因为：在一个没有盖子的容器中，水只能达到沸腾的温度，即100℃。烧到纸上的热量都被锅里的水吸收了，它的温度不会超过100℃，正好阻止了纸的燃烧。哪怕火焰一直烤着纸，纸也不会燃烧。

如图83所示，这个实验用小纸盒来做的话，效果会更佳。

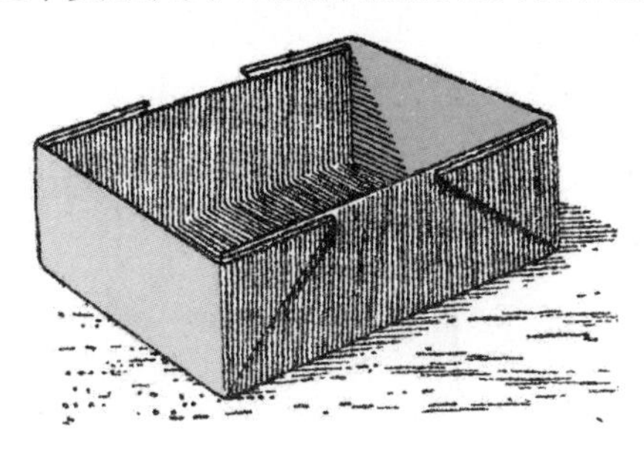

图83 烧开水的小纸盒。

我们经常听说，忘了往水壶里加水，结果烧水的时候烧坏了水壶，甚至熔化了水壶。其中的原因就是，水壶底部一般是用熔点很低的焊锡焊接而成，除非水壶里装满了水，否则很容易熔化。因此，我们千万不能将焊锡焊接的水壶空着放到火上。还有一种马克沁机关枪，也是利用水来防止枪筒的熔化。

再来做一个实验。在纸锅里放上一块下方正对火焰的锡块，导热性特别快的锡块很快就会吸收火焰的热量，纸锅不会被烧着，只是锡块被熔化了。

接着，我们做下一个实验。如图84所示，将一个裹着一层纸的粗螺丝钉或铜杆放到火上烧。螺丝钉或铜杆已经被烧红，纸却仍然紧紧地裹在上面，没有被烧掉。同样的道理，由于螺丝钉或铜杆都是金属的，此类金属的导热性比较好，热量都被它们吸收了。如果是其他导热性较小的物体，例如换成玻璃，纸很快就会烧着。

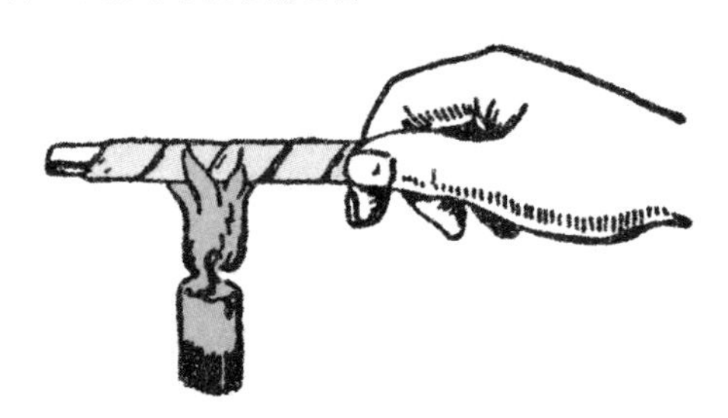

图84 烧不着的纸条。

如图85所示，绑在一把钥匙上的棉绳也不会被烧着。

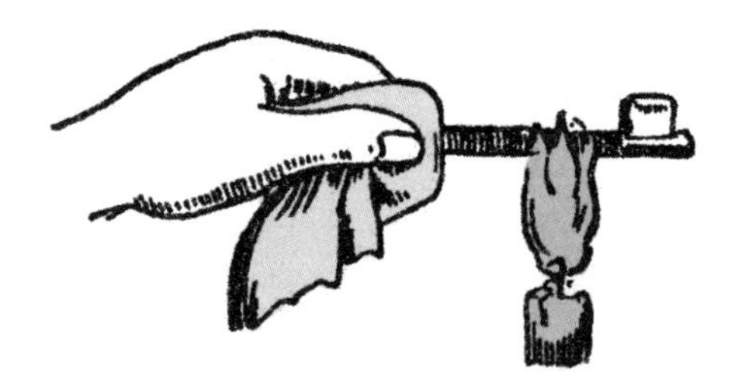

图85 烧不着的棉绳。

冰为什么是滑的

众所周知，擦得比较干净的地板比不擦的时候更容易滑倒。那么，在冰上会怎么样呢？平滑的冰面与凹凸不平的冰面相比，是否更容易滑倒呢？

用雪橇运输货物时，在凹凸不平的冰面上比在平滑的冰面上更省力气。就是说，不平的冰面竟然比平滑的冰面更滑！

应该如何解释这个问题呢？其实，冰面的光滑不是由它是否平滑来决定的，而是完全基于另外一个原因，就是当压强增加的时候，冰的融点要降低。

那么，当我们在冰面上溜冰，或者坐着雪橇滑行的时候，又会发生什么情况？

溜冰鞋下的冰刀面积很小，尤其是冰刀的刀刃，只有几平方毫米。当我们穿着溜冰鞋溜冰的时候，整个身体的重量其实就压在那几平方毫米的刀刃上。

通过之前的分析可知，在压力相等的情况下，压强与接触面积大小成反比。就是说，接触面积越小，压强越大。

我们可以想象，我们的身体对冰面的压强有多大！在这么大的压强下，冰面的熔点至少可以提高5℃。因此，穿着溜冰鞋在-5℃的冰面上溜冰，冰刀下的冰面熔点会降低到0℃以上，很可能会融化。由于刀刃和冰面之间的冰在一瞬间融化出一层水，所以溜冰的人滑起来特别省力。所有冰刀经过的地方都会在一瞬间融化出一层水，滑冰的动作也会非常连贯。相对于其他物体，这正是冰所独有的特性。

曾经有一位物理学家认为，世界上最滑的物体就是冰。从某种意义上说，这种说法非常准确。从理论上讲，每平方厘米的压力达到130千克的时候，冰的熔点就会降低1℃。当正在融化的冰和水混合在一起，受到的压强一样大，此时冰的熔点就会降低很多。

通过之前的分析可知，将一个重物放在冰面上，冰面所受到的压强会随着接触面积的缩小而增大。而且，与平滑的冰面相比，凹凸不平的冰面更光滑。

下面，我们就来分析一下其中的原因。由于冰面凹凸不平，冰刀的刀刃和它的接触面积可能只是那几个凸起的小点，而在比较平滑的冰面上是可以完全接触的，面积要大得多。根据压强的知识，我们可以得出结论：凹凸不平的冰面所受到的压强要大于平滑冰面所受到的压强。前面也曾提到过，熔点随着冰面压强的增大而逐渐降低。因此，冰在凹凸不平的冰面上化得更快，冰面也就更滑了。

根据这个原理，可以解释生活中的很多现象。例如，两块冰被压到一起，很快变成了一块大冰。小孩子们在打雪仗时，雪被捏到一起立刻会变成雪球。这是因为雪花的熔点随着手的挤压而降低，一部分雪立刻融化，松手时，融化的雪又立即冻结，松散的雪随之形成一个雪球。

同理，滚雪球时，地上滚动雪球的重量会对下面的雪球进行挤压，被挤压的雪就会融化，然后沾到雪球上并随着雪球的滚动而迅速冻结，于是雪球越滚越大。但在特别寒冷的天气中，无论是捏雪球还是滚雪球，都会变得比较困难。由于人或车的重压，路上的雪变成了厚厚的一层冰，而非松散的雪花。这些现象中所蕴含的道理，我们也可以深入思考一下。

冰柱方面的问题

冬天，屋檐上垂下的冰柱是怎么形成的？众所周知，水在0℃以上的时候是不可能形成冰柱的，所以只有在冬天才能见到冰柱，夏天不可能见到。但是，如果屋子里没有生火，即便温度达到0℃以下，屋顶上又为什么会有水呢?

我们先明确两点:首先,0℃以上的温度才会使积雪融化;其次,0℃以下的温度才会使雪水结冰。要想形成冰柱,两个条件缺一不可。

事实正是如此:太阳或者其他原因,使积雪的温度达到了0℃以上,所以它会融化。由于屋顶有一定的角度,融化后的雪水会流到屋檐的位置,雪水的温度又在这里降到了0℃以下,所以形成了冰柱。

那么,依据前面所说,为什么我们会在不生火的屋檐上看到冰柱呢?下面就来详细分析一下冰柱的形成过程。

太阳光线在照射时提供的热量,与光线跟被照射面之间夹角的正弦成正比,这是我们首先要了解的一个常识。如图86所示,当太阳光线按照图示角度照射时,我们根据刚才的常识得知,屋顶上积雪得到的热量与地面积雪得到的热量之比是$\frac{\sin 60^\circ}{\sin 30^\circ}$,约为2.5倍。

图86 倾斜的太阳光把屋顶上的积雪晒得比地面积雪更热。

图中的60°表示的是太阳光线跟它的照射平面所成的角度。

回到之前的问题,假设现在天气晴朗,阳光正好,太阳光洒落于屋顶与大地。温度大概在-2℃到1℃之间。因为太阳光提供的热量与折射角度有关，所以地面上的积雪并没有融化，而与太阳光线几乎成直角的屋顶得到了较多的热量，积雪开始融化为雪水，并顺着屋顶流至屋檐。

屋檐下的温度比较低，还在0℃之下，雪水一滴一滴流下来时凝结成一个个小冰球。随着时间的推移，小冰球不断增多，凝结在一起后形成了冰柱，挂在屋檐下面。

其实，很多现象都可以用这个原理来解释。例如，太阳光线照射角度的不同与太阳照射时间的不同，形成了不同的气候带与一年四季的温度变化。这两个影响温度变化的因素，都是由于地球在围绕太阳公转时形成了倾斜于地轴的一个轨道面。在夏天和冬天，太阳与我们的距离都差不多。由于地球与太阳之间的距离非常遥远，我们假设太阳距离两极和赤道的距离也基本相同。因此，太阳光线照到两极的角度几乎为零，照射到赤道的角度几乎是直角。而且，太阳光线在夏天时照射到赤道的时间也会比较长，继而引起白天气温的变化。换句话说，太阳光线照射角度的不同，引起了自然界的许多变化。

Chapter 7

被逮住的影子

唉，影子啊，黑暗的影子，
还有谁没有被你追上？
还有谁没有被你超越？
黑色的影子，只有你，
一直没有被捕捉和拥抱！

——涅克拉索夫

俄国诗人涅克拉索夫写下了这首关于影子的诗。

要想捕捉到自己的影子确实是天方夜谭。但是利用影子，我们的祖先却可以画出自己的“影像”。

图87所表现的就是古人画影像的方法。被画者通常需要不停地变换角度和位置，令影子的轮廓更加明显。绘画者先将他的轮廓勾画出来，然后在影子的轮廓上涂上墨水，最后剪下来贴到白纸上，这个人的影像就画好了。

图87 古人画影像的方法。

如图88所示，你还可以按照自己的需求将影像的尺寸用放大尺缩小。

图88 成比例缩小影像。

你可能会想，影像怎么可能画出一个人的相貌特点呢？只是一个轮廓而已。其实不然，优秀的画师完全可以把影像画得跟本身的相貌非常像。

必须承认，这是一种非常简单、效果很好的影像绘画方法，再加上影像跟本身的面貌非常相像，因此很多人产生了浓厚的兴趣。当这种方法引申到风景画中，又逐渐形成了一个画派。如图89所示，这是席勒的影像。

图89 绘于1790年的席勒影像。

“影像”一词可不是随意编造的，它源于法文silho（西路艾特）。

18世纪中期以前，这个词是法国财政大臣埃奇言纳·德·西路艾特的姓氏。当时，他责备那些达官贵人将大量的金钱花在了画像上，并号召全体国民要节俭，不要浪费。为了取笑这位财政大臣，有人便将便宜的“影像”称为西路艾特式。此后，“影像”慢慢形成了固定词语。

鸡蛋壳里的小鸡雏

小时候，我们都玩过手影的游戏：不断地弯曲手指，在墙上或地上印出一只只动物的形状，这个游戏其实正是利用了影子的特性。

现在，我们可以利用它来做一个实验。在一个硬纸板中间挖一个方孔，将一张用油浸过的纸粘在方孔上，这样就做成了一块幕布。将两盏灯放在幕布后面，先点亮其中一盏，然后在灯和幕布之间放一个椭圆形的小纸片。当我们站在幕布前面时，就可以看到幕布上出现了一个鸡蛋的影像。

接着，我们就可以对围观的观众说：“下面，我们将开启X射线透视机，看看鸡蛋的内部是什么。”

点亮另一盏灯，我们就会看到如图90所示的影像，鸡蛋的周边变亮，内部变暗，中间居然有一只小鸡雏。

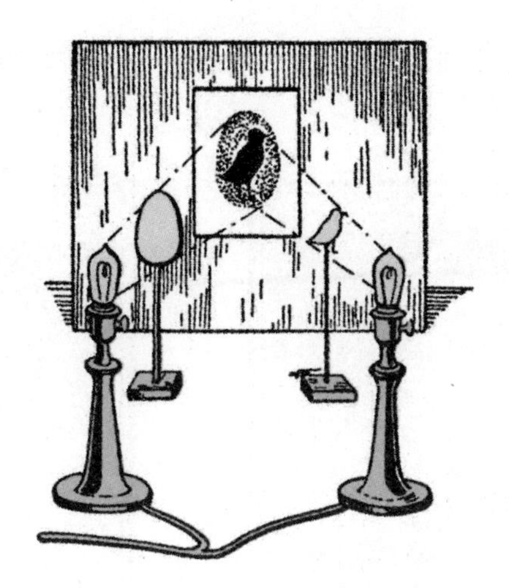

图90 X射线透视魔术。

真是一个令人惊叹的魔术！下面来揭示一下其中的奥秘。

其实，在第二盏灯的前面已经预先放入了一张小鸡雏的纸片，纸片的影像会在这盏灯被点亮时投到幕布上。我们唯一需要注意的就是调整好角度，让椭圆形纸片的影像重合于小鸡雏的影像上。另外，因为第二盏灯照亮了小鸡雏的周围，并将小鸡雏重合到了鸡蛋的影像上，所以鸡蛋影像的周边才会变得比较明亮，而内部变得比较黯淡。

不明缘由的人站在幕布跟前，还真以为小鸡雏的出现是因为X射线穿透了鸡蛋呢！

搞怪的照片

用照相机可以照相，那么，一个没有玻璃镜头的照相机也能照出照片吗？是的。即使没有玻璃镜头，我们一样可以照出照片，唯一的不足就是照片不太清晰而已。

我们不妨用一个实验来证明。首先，我们做一个窄缝镜箱，用两条窄缝来代替相机上的小圆孔。通过这个镜箱，我们就可以看到非常有趣的影像。

图91 用窄缝镜箱拍出搞怪照片。

图92 不同方向的搞怪照片。

镜箱前面有两块活动纸板，一块纸板上开有一条竖直窄缝，另一块纸板上开有一条水平窄缝。将两块纸板叠到一起，通过中间唯一的小孔，我们可以看到正常的影像。但是移开任意一个纸板，只能看到如图91和图92所示的歪曲影像。换句话说，我们看到的会是扭曲了的搞怪照片。

那么，原因是什么呢?

如图93所示，当我们将水平窄缝C放到竖直窄缝B的前面，竖直窄缝B就失效了，最后形成的影像也不会受其影响。光从D上的竖直线照射到水平窄缝C，和普通的小孔并无区别，因此最后在A上形成的影像只与水平窄缝C和A、D的距离有关。

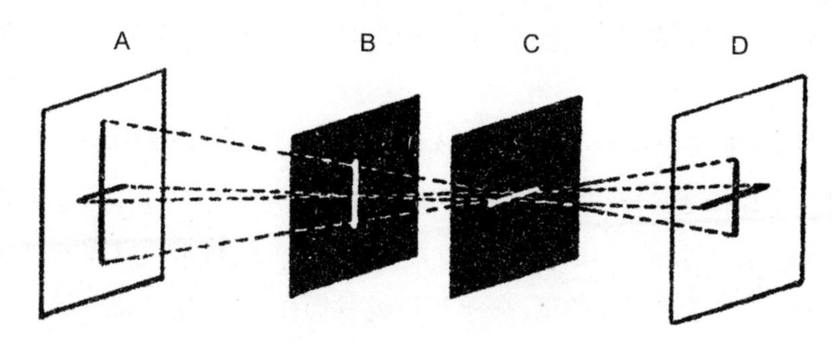

图93 为什么窄缝镜箱会拍出歪曲的影像?

假设窄缝B与窄缝C的位置没有发生变化，D上的水平线映在A上，那么还会是相同的形状吗?因为水平线可以不经任何阻挡地全部通过窄缝C，这时光线就和通过小孔是一样的，所以它和D上的竖直线映出来的形状完全不同。我们由此得出一个结论：这种情况下，在A上映出的像只和竖直窄缝B和A、D的距离有关，与窄缝C无关。

换句话说，如果窄缝B和窄缝C按照图93所示，那么，窄缝B对于D上的竖直线没有任何作用，窄缝C对于D上的水平线也没有任何作用。因为窄缝B比窄缝C距离A要近一些，所以D上的竖直线在A上形成的影像会大一些。经过对比也可以发现，D上的水平线在A上形成的影像相对较小。

要想得到相反的情形，只需要将窄缝B和窄缝C反过来放置就可以了，此时水平线成像会大于竖直线成像。

如果我们想要拍出各种搞怪照片，只需不断变换窄缝C和窄缝B的位置、角度。通过这种镜箱拍出来的搞怪照片和歪曲图案，有时还可以用于装饰。

与日出有关的问题

众所周知，光也需要时间来传播。距离较短时，由于光的传播速度太快，我们通常忽略这个时间，但它是切实存在的；距离较远时，这个时间就会比较明显。

例如，地球与太阳之间的距离很遥远，太阳光照射到地球需要大约8分钟。就是说，如果我们在5点钟看到日出，太阳光其实于8分钟之前就已经到那里了，只是我们还没有看到。那么，如果光的传播可以瞬间到达地球，而不需要花费时间的话，可不可以说我们在4点52分，即8分钟之前就看到了日出？

这个说法是错误的，让我们来分析一下原因。日出就是地球上某一点从没有太阳光的地方转到了有太阳光的地方，因此，就算光的传播是瞬时的，我们看见日出的时间仍然跟光的传播要花费时间的情形完全相同。就是说，日出时间仍然是在早上5点钟，而非4点52分。

需要注意的是，大气层对光线产生的折射作用会使光在传播中发生弯曲。所以，相对于我们看到日出的时间，太阳从地平线升起的时间是要晚一些的。如果光无须时间来传播，那么光的折射问题也就不复存在。折射是由光在不同介质中传播速度的不同而形成的。如果光能瞬时传播的话，光速不同的情况也就不会存在，折射自然没有了。那么，我们看到日出的时间便会晚于正常情况。

但如果用望远镜观察日珥（太阳边缘上凸起部分），那就是另一回事了。如果光能瞬时传播，我们的确会提前8分钟看到它。

Chapter 8

光的反射与折射

看透墙壁

以前，人们以“X射线机”的名义到处售卖一种有趣的玩具。那是一根管子，可以让你隔着不透明的东西看清楚后面的一切东西。尽管大家都知道它并不是真正的X射线机，却依然觉得很神奇。

它究竟是什么原理呢？我们就来揭秘一下。如图94所示，所谓的“X射线机”是一个放了四个倾斜镜子的管子，通过这些镜子，后面物体的影像被折射到了前面。

图94 所谓的X射线机。

这个原理被用来制造潜望镜。如图95所示，战壕里的士兵无须探出头或者跳出战壕，只需使用潜望镜就可以看到外面的敌人。

图95 第一次世界大战时使用的潜望镜。

通过潜望镜观察东西的时候，光线的路程越长，潜望镜所能看到的视界就越小。要想将它的视界放大，就需要装置一连串镜片。

但是，玻璃和其他介质一样，也会吸收光线，所以影像的清晰度会受到影响。20米左右就是我们现在所能看到的最高的潜望镜了。再大一些的话，不仅看到的视界特别小，看到的影像也很模糊。

如图96所示，我们也可以用潜望镜在潜水艇上观察敌方的舰船。只不过这里的潜望镜的结构比一般潜望镜的结构要复杂得多，主体结构是一根上部露出水面的长管子。

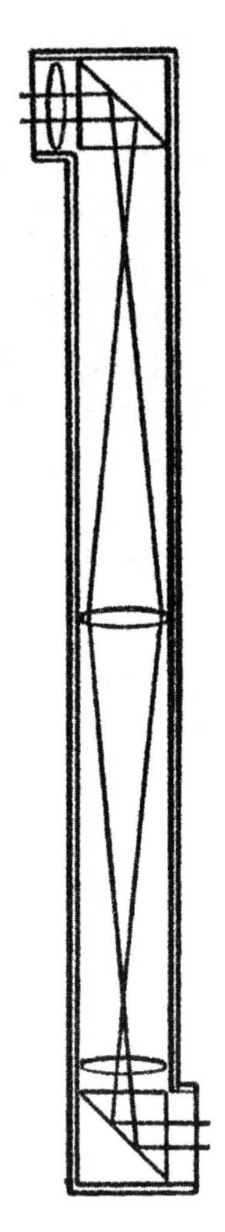

图96 舰船上装配的潜望镜的设计图。

不过，所有潜望镜的设计原理没有什么变化，光线仍然从上面管子的平面镜或三棱镜反射到下面管子中，再沿此到达另一个平面镜或三棱镜，最后被观察者看到。

为什么砍掉了脑袋还能说话

在博物馆或陈列馆里，有时候会看到一种表演：空地上放着一张桌子，桌子上有一个盘子，盘子里是一颗人头！

这颗人头可以四处看，不停地说话，甚至还可以吃东西！可是，眼睛告诉我们，桌子底下什么东西都没有，明明是空的啊！一颗被砍掉的脑袋怎么还能说话，还能吃东西呢？

被砍掉的脑袋当然不可能继续说话，继续吃东西，真相就是盘子里的脑袋并非真的被砍掉了。

只要我们将一个纸团或其他东西扔到桌子下面，很容易便能发现端倪：纸团或其他东西会被弹回来。就是说，桌子下面并不是空着的，而是被人做了手脚。如图97所示，人藏在了桌子下面的一圈镜子里。

图97 被砍掉的脑袋。

现在我们已经知道了，桌子腿之间放上镜子，后面的人会被挡住。但是，还是有很多技巧需要注意：首先，选择的房间最好是一个空房间；其次，房间的地面不能有花纹什么的，最好是同一个颜色；再次，不能让镜子照到房间中的人或其他东西；最后，一定要把桌子和群众隔出一定的距离，二者距离不能太近。

知道了其中的奥秘，这个魔术也就没有那么神奇了。不过，它具体怎么做到的，我们还是无从得知。

来看看魔术师的表演吧！首先，魔术师给观众展示一个上下空空的桌子，接着摆出一个大小只能装得下一个脑袋的盒子。此时，盒子里空空如也，但魔术师会说里面有一个人头。然后，他把盒子放到桌子上，并用一块布挡在桌子前。可以想象一下，此时桌子下面的人会把头伸进盒子里。当魔术师撤掉布拿开盒子，桌子上果真出现了一个人头。

当然，这只是其中一种表演，还有其他各种各样的形式，你可以开动脑筋多想一想。

放在前面还是放在后面

大家可能没有意识到，日常生活中的很多事情都不符合物理学原理。

例如，应当将冰块放在食物上面，这样才能冷却食物，但还是有很多人会把它放在食物下面。又如，许多人并不会正确使用镜子，要想看清楚镜子里的影像，正确的做法应该是将灯光打到照镜子的人身上，可还是有不少人喜欢将灯光打到镜子上。

在照镜子的时候，好多女孩子都犯过此类错误。

我们能否看见镜子

对于镜子，你究竟了解多少呢？

如果我问你，你能看见镜子吗？你可能会说，当然，我每天都照镜子。

其实，我们看见的只是镜子的镜框或玻璃的边缘，最多也就是镜子中的自己。如果镜子没有污垢，擦得很干净，我们是看不见的。换句话说，我们看不见任何可以反光的东西，不过可以看到能漫射光的东西，例如磨砂玻璃。

前面几节里，我们提到的镜子都是利用了它看不见的特性。在日常生活中，我们看到的也并非是镜子，而是镜子里的东西。

我们从镜子里能看到谁

我们在镜子里面看见的是谁？你一定会说："我们看镜子，看到的就是另一个自己啊，一点儿也错不了。"

这个说法其实不对。例如，你右边脸上的斑，在镜子里到了左边，右脸却是干干净净的。再如，当你抬左手时，镜子里的"你"抬的却是右手；眨着的右眼，在镜子里变成了左眼；你往左衣兜里放了一支笔，镜子中的"你"却把笔插到了右边的衣兜里。镜子里的动作与我们的动作正好相反。

如果通过镜子看挂在墙上的钟表，你会发现，钟表的数字是反着的，指针走动的方向也是反着的。如图98所示，钟表数字的顺序变得很奇怪。

图98 反着的表。

继续观察镜子中的自己，你还会发现其他有趣的事。例如，镜子中的“你”写字时用左手，吃饭时用左手，甚至当你想和“他”握手时，他也会向你伸出左手，“他”是一个与你完全不同的左撇子。

镜子中的“你”还会随你一起用笔写字，只不过他写得歪歪扭扭，在我们看来根本不是字。所以，镜子中的“你”究竟会不会写字也是一个谜。

现在，你还认为镜子中的“你”和你是一模一样的吗？

如果你仍然坚持自己的看法，结果会越来越来糊涂。因为对大多数人来说，身体的左右两边并非完全相同，完全对称。你身体左半部分的特点，照镜子时就会移到右半部分，此时你本人和镜子中的“你”是两个完全不同的个体。

在镜子前面画画

上一节提到，镜子里的影像和物体本身是不同的。现在，我们可以通过一个实验来证明这一点。

如图99所示，在竖直的镜子前放一张铺着白纸的桌子，桌子前坐着一个人在对着镜子画画。他要画一个长方形和长方形的一条对角线，但在画的时候不允许望着自己的手，只准看镜子里的手。

图99 对着镜子画画。

这是一个很简单的图，我们很容易就能画出来，可是这个人却画得一团糟。因为他遇到了镜子，眼前的一切都被打乱了。

在视觉上，镜子把手上的动作完全变了个样，与我们看到的大相径庭；在动作上，当我们想向左边画时，镜子里你的手却在向右边移动，动作也不再协调。

如果画比较复杂的画，或者写字什么的，那么他的笔下只能出现一堆乱七八糟的“四不像”了。

我们用吸墨纸吸印出来的文字，也是难以辨认的反向文字，如同镜子里的一样。但是，如果把这些字拿到镜子前面，它们就会恢复正常，我们可以顺畅地阅读。因为反向文字在镜子中再次被反了过来，变成可以看懂的正向文字。

最短的路径

光在同种介质中沿直线传播，就是说，光在沿着最短的路径传播。那么，根据这个原理，我们可以知道，照到镜子上继而被镜子反射到一个点上的光所走过的路径，也是最短的。

如图100所示，假设图上的点A为光源，MN为镜子，C为人眼，ABC为光从蜡烛到人眼C走过的路径，KB垂直于MN。

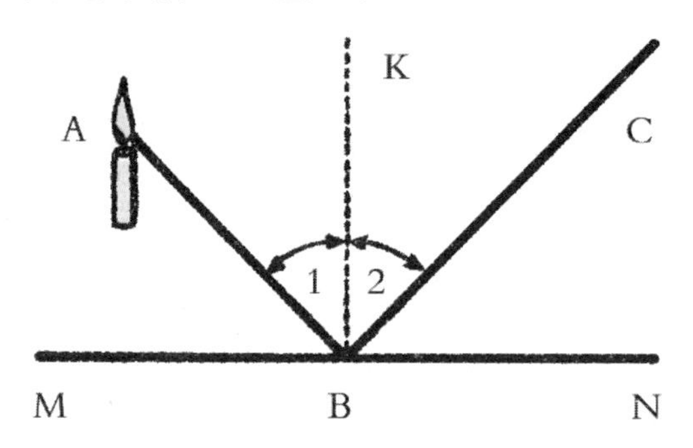

图100 入射角1与反射角2一样大。

根据光学定律，入射角1与反射角2一样大。那么，我们可以得知，ABC是从点A到镜面某一点，再到点C的所有路径中最短的。如图101所示，在MN上任意取一点D。接下来，我们就来比较一下图中的ABC和ADC两条路径，看一看谁长谁短。首先，从点A向MN作垂线AE，并延长其交CB延长线于点F，然后连接DF、BF。我们可以通过三角形的知识证明，三角形AEB和FEB都是直角三角形，并且二者全等，EB为二者公共边。接下来开始证明。

因为角1与角2相等，所以角ABE与角CBN相等，又因为角CBN与角EBF相等，所以角ABE与角EBF相等。因此，三角形AEB全等于三角形FEB。那么，AB与FB相等，AE与FE相等。由此可得，三角形AED全等于三角形FED。那么，AD就与FD相等。

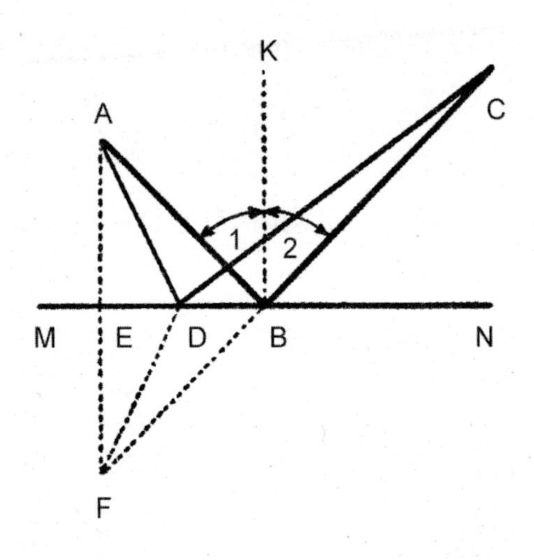

图101 光线经过反射，仍然走最短路径。

由此可得，FD加上DC就是ADC的长度，FB加上BC是ABC的长度，所以ABC与FC相等。通过比较可知，FD加DC的和大于FC，因此路径ADC要长于路径ABC。

不管反射点D选取在什么位置，只要入射角与反射角相等，路径ABC永远都是最短的。由此可知，路径ABC是光线从点A照到镜子上，再反射到人眼C的最短路径。

早在公元前2世纪，希腊亚历山大的机械师、数学家西罗就证明了这一点。

乌鸦飞行的路线

如图102所示，现在有一道关于乌鸦飞到栅栏的最短路程的难题，如果你知道如何寻找最短路线的话，那么这道题目也就难不倒你了。答案如图103所示。

如图102所示，题目如下：树上的乌鸦在飞到对面的栅栏上休息之前，想先飞到地上吃谷粒。那么，需要按照什么路径，乌鸦才能飞行得最短呢？

图102 请指出乌鸦吃过谷粒，又飞到栅栏的最短路线。

前面一节我们学习了有关光从镜子上反射的问题，其实它们的道理是相同的。借此可以知道，如图103所示，我们把地面当作镜面，乌鸦作为光线的射入点，栅栏为人眼，便可以很容易求得，只要使角1与角2相等，让乌鸦按照光的路径飞行，此时的路径就是最短的。

图103 乌鸦的最短路线图解。

与万花筒有关的老故事与新故事

如图104所示，许多人小时候都玩过万花筒，轻轻转动万花筒，里面各种形状的碎片通过平面镜的反射，形成了各种漂亮图案。

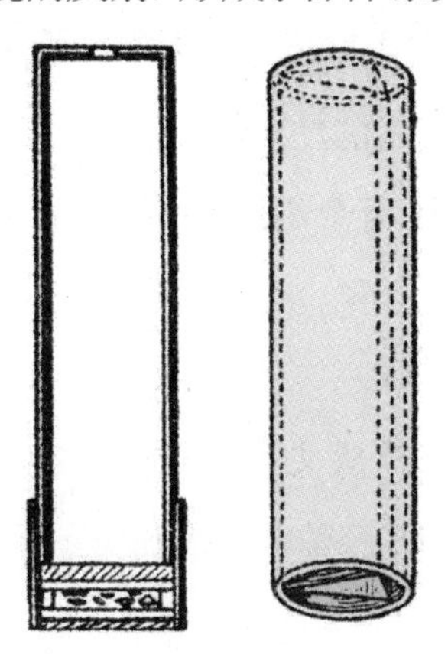

图104 万花筒。

一个普通万花筒可以变出多少种图案呢？或者说，是什么决定了它能变出的图案种类呢？假设我们一分钟可以转动10次内含20块玻璃碎片的万花筒，那需要多久才能把里面的所有图案都看一遍？你都知道吗？

我想，没有人想过这个问题，也没有人亲自试验过。单凭想象，我们更不可能得到正确的答案。

利用万花筒的特性，人们创造出很多漂亮的墙纸和纺织图案。发明万花筒的人简直是一个天才啊！无论多么富有想象力的艺术家，都不可能想出如此又美丽又变幻无穷的图案。

知道了万花筒的原理，我们可能觉得它没有什么神奇的，但在它刚被发明的100多年以前，人们可是怀有浓厚的兴趣，还出现了许多赞美它的诗歌。

基于对万花筒的喜爱，俄国寓言作家伊思迈依洛夫在1818年7月出版的《善意者》上，发表了一篇文章。文中写道：

我被满大街的万花筒广告吸引了，这是一个什么样的稀奇玩意儿，我很想弄明白，就买了一个。

我迫不及待地向里面望去——一幅什么样的画面将呈现在眼前呢？

各种图案相互交错，有花样，有星形，还有其他许许多多的形状，里面有青玉、红玉和黄玉，还有金刚钻和绿柱玉，也有紫水晶和玛瑙。啊！竟然有珍珠——就在刚才一瞬，我什么都看到了！轻轻转动一下万花筒，又看到了更新奇的花样！

其实，无论是诗歌还是散文，都无法准确描绘万花筒里的所有奇丽美景。你需要绞尽脑汁才能构思出一幅精美图画，而它只需稍稍转动一下就能变化出来。

那是多么美妙绝伦的图案啊！如果编织在布匹上，该会怎样吸引人们的眼球！我们该到哪里去找颜色艳丽的丝线呢？唉，与那些无聊的游戏相比，看看万花筒是一件多么惬意的事啊！

据说早在17世纪，人们就发明出了万花筒。不久前经过改进，它又重新获得了人们的喜爱，再度流行起来。听说一位法国富翁订制了一个昂贵的万花筒，共花去20000法郎，他还让匠师将名贵的宝石放在万花筒里。

最后，作家用一个很有趣的笑话结束了文章，那个时代所特有的近乎嘲讽的忧郁语调也体现得淋漓尽致：

皇家物理学家和机械师罗斯比尼擅于制造优等光学仪器，并以此成名，经他之手制造的万花筒每个售价20卢布。虽然价格昂贵，可是人们对它的兴趣远远高于罗斯比尼的讲座。更令人不解的是，这位大师从未在讲座时得到过任何好处。

古时候的人一直把万花筒当作一个玩具，在它被发明后的很长一段时间里，没有人想过它有什么用。到了科技发达的今天，人们不仅用它来绘制漂亮的图案，还制造出一种特殊的仪器。使用这种仪器，可以把万花筒里的精美图案拍下来并洗出照片，最后再用机械设备做出来。

迷宫和幻宫

假如你变成了万花筒里的一小块玻璃碎片，会是什么样的奇妙感觉呢？下面，我们通过一个实验来体验一番。

其实，早在1900年，就有人在当时的巴黎世界博览会上体验过了。

博览会上，当时建造了一个巨大的固定式万花筒，称其为迷宫。它是一座六角大厅，每一面墙壁都镶上了光洁的玻璃镜子，大厅的每个角上都立有柱子，墙的顶端与天花板连接起来。

走在这座迷宫里，人们会看到无数个自己、无数根柱子，以及无数个大厅，完全弄不清楚自己身在何方。而且，四面八方的“自己”、柱子以及大厅一直延伸到了看不见的地方。

如图105所示，画着横线的6个大厅，是原来大厅经过一次反射后所生成的像。在一次反射之后，得到的像画着竖线，于是又增加了12个大厅。第三次反射的结果，再次增加了18个大厅。

图105 经过三次反射后的大厅。

每反射一次，大厅的数目会跟着增加。如果相对的镜子完全平行且非常干净，那么就可以反射出更多的大厅。有人经过观察发现，经过12次反射之后，一共能看到468个大厅。

知道了光会在镜子上反射，我们便能发现，大厅里面有3对平行的镜子，周边有12对不平行的镜子，这就是它能产生那么多次反射的奥秘。

在那一年的博览会上，还有一座幻宫。它不仅能进行多次光反射，而且可以瞬间变换景象，很像我们玩的万花筒。参观者置身其中，恍如置身于万花筒中，感觉奇妙极了！

要知道，幻宫墙上的每一面镜子都经过了特别的处理。为了让墙角可以绕着柱子旋转，离墙角不远处的镜子均被竖直割开，如图106所示。

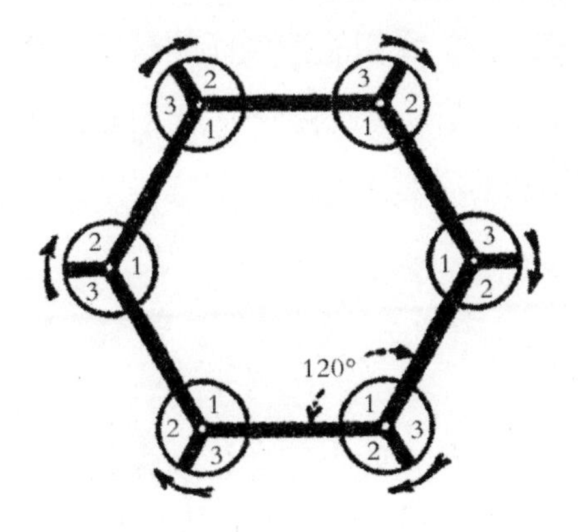

图106 幻宫的构造简图。

我们通过观察发现，通过旋转墙角1、2、3的位置，可以出现三种变化：在墙角1布置一个热带森林的景象，在墙角2布置一个阿拉伯式大厅的景象，在墙脚3布置一个印度庙宇的景象（如图107）。

图107 幻宫解密。

通过转动墙上的机关，我们能把大厅的景象一会儿变成热带森林，一会儿变成阿拉伯式大厅，一会儿再变成印度庙宇。说到底，这些奇妙的变化都是充分利用了光的反射原理。

为什么光会发生折射

众所周知，光在同一种介质中沿着直线传播。如果是在不同的介质中，光的前进方向会发生变化，即光的路径有了改变。那么，出现这种现象的原理又是什么呢？

可以用一个类似的例子来解释，我们从平坦的平原进入山谷，可以沿着直线步行，但到了山里就必须绕道。对此，著名天文学家、物理学家赫希尔做出了详细的阐述：

假设有一支小分队在前进，前面有一段比较平坦的大道，可以走得很快。另一段路坑坑洼洼的，速度快不起来。这两种道路的分界线恰好是一条直线，这队士兵排成一列，形成一条直线，与分界线相交后呈某一角度（不垂直）。由于士兵有前有后，因而会在不同的时间到达分界线。一旦一名士兵跨过分界线进入崎岖的道路，速度就会放缓，因此没法与其他士兵一起前进，只能渐渐落在后面。

如果士兵依然想保持队形，那么跨过分界线的一部分士兵与没有跨过去的士兵会在分界线的交点处形成一个钝角。行军的时候，每个士兵都保持同一节奏的步伐，不能抢先一步也不能落后半步。因此提出要求：第一，每个士兵的前进方向必须垂直于新队伍的正面；第二，同一时间在分界线两侧，崎岖道路上的行军路程和平坦的道路上的行军路程之比，等于崎岖道路上的行军速度和平坦的道路上的行军速度之比。

下面，我们来做一个实验，如图108所示。

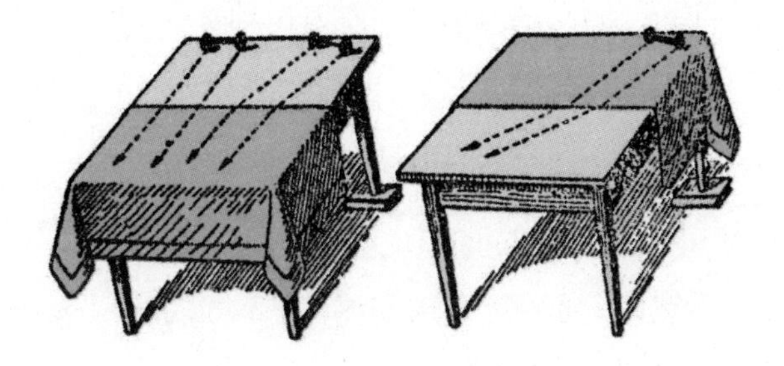

图108 光在不同介质中传播的示意图。

找一张桌子，用布盖住一半，让它稍微倾斜。把两个轮子装在一根木轴上，使其沿着布的边缘方向从桌子的高处滑下来。此时，它下滑走过的路径垂直向下且方向不变。这和光在垂直射向一种介质时的路径是一样的，不会变换方向。但是，如果我们不让轮子的下滑方向垂直于布的边缘，而是让它稍微有一个倾斜度，那么，轮子在滑到布的边缘时，路径会偏离原来的方向，这和光线进入另一种介质时路径发生偏移是一样的。

通过以上实验可以发现：在没有布的桌面上，轮子的滑动速度较快。到了有布的桌面上，不仅速度变慢，路径也会向竖直线（即分界线的“法线”）方向偏移。反过来说，如果轮子是从有布的桌面滑向没有布的桌面，那么它就会偏离“法线”的方向。

由此可以确认一点：光在两种不同介质中的传播时间、行进速度都是不同的，方向也会发生偏移，而且速度的差别越大，折射的程度也越大。这种折射程度与光在两种介质中行进速度的比值是相等的，我们一般用“折射率”来表示。

另外，光的折射还有一个不同于反射的特点。如果说光在反射时所走的路径是最短的，那么光在折射时所走的路径是最快的。就是说，在进入某一介质时，不可能有另一条路径比光的折射路径走得更快。

什么时候走长路比走短路更快

什么时候走长路比走短路更快呢？

很多人会觉得，花较少的时间走较远的路很不合理，这个问题也不可能实现。其实不然，只要经过合理安排，在不同的路况选择不同的行进速度，走长路完全可能比走短路更快。

举例来说，有一个人住在两个火车站之间，离其中一个火车站近，离另一个火车站远。如果他想去较远的车站，可以走到较近的车站，然后反向坐火车去较远的车站。如果他一直步行去较远的车站，虽然路程近一些，速度却比较慢，花费的时间也更长。

还有另一个例子：一个通讯员骑马由A地到C地去送文件，这片区域由一片沙地和一片草地构成，中间是一条分界线EF，如图109所示。已知，马在沙地里的行进速度大概只有草地上行进速度的一半，通讯员如何选择一条最快的路线呢？

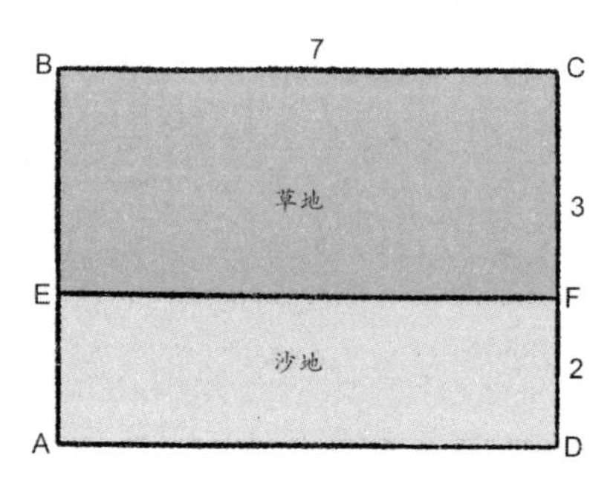

图109 通讯员从A地到C地的最快路线。

毋庸置疑，两点之间直线距离最短，两者之间的连线就是A地到C地之间最短的路径。但是，通讯员不会选择这条路。虽然这条路的路径短，行进速度却不快，应该在比较难走的沙地上少走一些路，即少花费一些时间在沙地上。此举意味着在草地里要多走一些路，不过草地上的行进速度是沙地的2倍，总体看来，这样花费的时间比较少。

因此，通讯员应该先尽量沿着A地到EF的垂线行走，到达分界线EF时再折向C地。

我们可以通过几何学上的勾股定理得出，按照图110所示，路线AEC的行进速度比路线AC的行进速度要快得多，所以直线AC所花费的时间并非最少。

接下来，我们就来计算一下图109中的情况。已知图中的草地宽3千米，沙地宽2千米，B到C的距离为7千米，那么根据勾股定理可算出：

$$AC=\sqrt{5^2+7^2}=\sqrt{74}\approx 8.60$$

AN部分代表在沙地里走的路线，由于AN等于$\frac{2}{5}$的AC，因此AN为3.44千米。已知草地上的行进速度为沙地上的2倍，所以草地里走6.88千米所花费的时间与3.44千米的时间是相同的。那么，沿着路线AC走，全程所花费的时间与草地上行走12.04千米所花费的时间是相同的。

现在，我们再来看看图110所示。

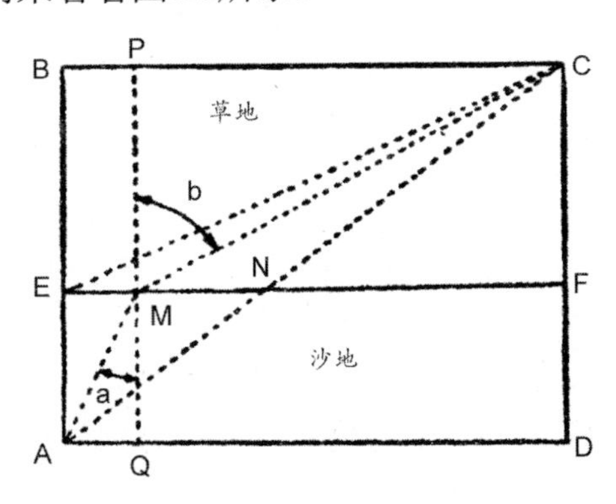

图110 AMC是通讯员的最快路线。

草地中的路线EC长度为7.61千米，沙地中的路线AE长度为2千米，与草地上行走4千米的时间是相同的。所以，二者相加，在草地上行走11.61

千米肯定比图109所示的12.04千米所花费的时间要少很多了。

由上可知，虽然路线AC距离短，但它花费的时间与草地上行走12.04千米的时间是相同的。AEC看起来距离长，但花费的时间与草地上行走11.61千米的时间是相同的，它们之间相差了0.43千米。

其实，从理论上讲，图109所示的情况依旧不是最快的，最快的路线应该如下：角b的正弦值与角a的正弦值之比等于草地上速度与沙地上速度的比$(\sin b:\sin a)$，即2∶1。

因此，花费时间最短的路径必须满足$\sin b$等于$\sin a$的两倍。计算得出：

$$\sin b=\frac{6}{\sqrt{3^2+6^2}}$$

$$\sin a=\frac{6}{\sqrt{1^2+2^2}}$$

$$\frac{\sin b}{\sin a}=\frac{6}{\sqrt{45}}:\frac{1}{\sqrt{5}}=\frac{6}{3\sqrt{5}}:\frac{1}{\sqrt{5}}=2$$

现在将全部的路程都换算成在草地上行进的路程，由此可知：$AM=\sqrt{2^2+1^2}$，与在草地上行走了4.47千米相同。$MC=\sqrt{3^2+6^2}=6.70$千米，全程为$6.70+4.47=11.17$千米。

我们在前面已经算出了，行走直线路程长度的时间与在草地上行走12.04千米的时间相同。

通过前面的计算，相信你已经发现了选择恰当路线所花费的时间确实会更少一些。

其实，光在不同的介质中的传播也是如此选择的。如图111所示，折射角的正弦值和入射角的正弦值的比值，与光在两种不同的介质中传播的速度的比值是相等的。而“折射率”就是我们提到的这个比值。

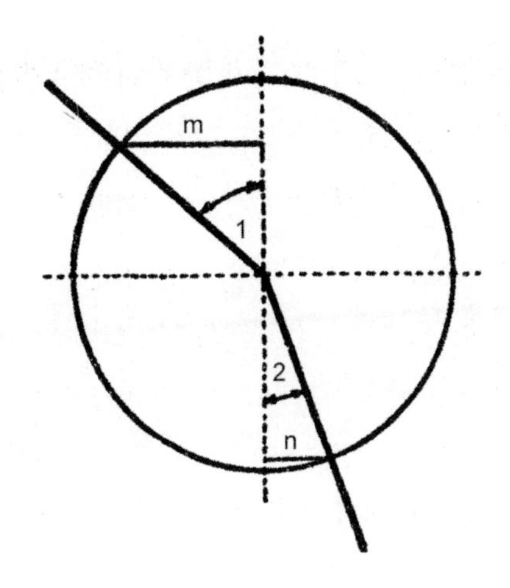

图111 线段m与圆的半径比是角1的正弦。

线段n与圆的半径比是角2的正弦。

无论在什么介质中传播，光走过的路程耗时最短。这是把光的折射和反射放到一起讨论所得出的“最快到达原理”，即费马原理。

介质不均匀，即当这种介质的折射率不固定时，又会出现另一种情况，大气层便是如此。

光在这种情况下依然会选择最快的路径进行传播，因此在进入大气层的时候，它的传播是慢慢变化的——“大气现象”正是天文学家对这一现象的称谓。

首先，我们需要知道，大气层的密度从上到下逐渐变大。光在这样的大气层中传播时，路径也并非是一条直线，而是慢慢折向地面。光线传播的速度在大气层上层时比较快，时间也会长一些。但在大气层下层时，虽然速度慢一些，却因为走的时间短，还是会更快到达地球。

事实上，不管是对光的传播，还是对声的传播，以及其他一切波动，费马原理都同样适用。

既然提到了声音传播，那么声音传播的波动特性又是什么样的呢？

现代物理学家、诺贝尔物理学奖获得者薛定谔在1933年的斯德哥尔摩的诺贝尔颁奖仪式上做了一个报告，解释了这一特性。

假设前面的士兵在崎岖的道路上行进，我们来看一看他的解释：

每一个士兵的手里都握着一根长杆子，用来保持整个队伍的整齐。现在，司令员命令队伍全速前进！

地面的情形不是突变的，而是逐渐改变的。打个比方说，开始时队伍的右翼跑得快一些，随后左翼才紧跟上去。这样一来，队伍的正面自然会偏离原垂直的前进方向转向一侧。此时我们可以看出，他们所走的路线是曲折的，不再是直线的了。很显然，这条路线遵循了“最快到达原理”，每个士兵都以最快的速度向前跑。

另一个鲁滨孙

在没有火柴和打火机的荒岛上，该如何生火呢？众所周知，鲁滨孙借助闪电烧着一根树枝，从而生起了火。

儒勒·凡尔纳在《神秘岛》中也有一个生火的情节，但主人公并没有借助闪电，而是利用了物理学原理。看过这部小说的人一定会记得下面的情景：

打猎回来的水手潘科洛夫看到了惊人的一幕，工程师和通讯记者史佩莱正坐在燃烧着的火堆旁烤火。

“奇怪，是谁生的火？”水手问道。

史佩莱回答：“是太阳。”

通讯记者可没有开玩笑，这火堆的确是太阳点燃的。

水手简直不相信眼前的景象，他惊讶地张开嘴，愣了半天，没有立刻问到底是怎么回事。

最终，水手缓过神来，小心地问工程师："看来，你带了一个放大镜吧？"

"没有，不过我做了一个。"说着，他将放大镜递给了水手。

这个放大镜有两块玻璃，分别取自工程师和史佩莱的手表玻璃。工程师将两块玻璃合在一起，中间注满水，然后用泥土把外沿黏合好——就造出了一个放大镜。借助放大镜，工程师将太阳光聚焦于干枯的绒草上，从而点燃绒草，生起了火堆。

如果没有装水，或者没有装满水，就做不出来吗？为什么两块玻璃中一定要装满水呢？

虽然两块玻璃的两个表面是平行的，但它们都是同心的球形凹面。物理学原理告诉我们，光照射这块玻璃的时候方向基本不会改变。所以，如果不装水的话，它就不会发生折射，也不会聚到一起，而是直接穿过另一块玻璃，这样当然不行。光在穿过装满水的两块玻璃时，因为水的折射率大于空气，所以很容易发生折射，也很容易聚到焦点上。在小说中，工程师正是利用了这一原理。

很早以前，人们就发现了装满水的球形玻璃瓶也可以用来取火，而且玻璃瓶中的水并不会发热，仍然是凉的。曾经，有人把这种装了水的玻璃瓶放在窗台上，最后竟然引发火灾，烧着了窗帘，烧坏了桌子。

在还不懂得这些原理的时候，有些药房里的人将这种玻璃瓶装满五颜六色的水，借此来装饰橱窗。事实证明，这是一个很大的火灾隐患，后果之一就是把药品给烧着了。

实验证明，利用太阳光的聚焦，一个直径为12厘米的小圆瓶就可以把表玻璃上的水煮沸。如果这种圆瓶的直径达到15厘米，那么焦点上的温度可以达到120℃，甚至能用来点烟。

罗蒙诺索夫在一篇《谈玻璃的用处》的诗作里，曾谈到用瓶子点燃香烟：

在这里，我们借助玻璃瓶从太阳那儿取得了火焰。我们以普罗米修斯为榜样，轻松快乐地学习着。那些荒诞无稽的咒骂、谣言，真可谓卑劣无耻，取用天火吸烟，怎么会有罪孽！

我们必须注意一点，玻璃的折射率比水的折射率大多了，而且光在水中传播时，水还会吸收大部分光线中对物体加热起到最大作用的红外线。因此，虽然可以用水做的透镜来生火，但效果还是比玻璃透镜要差很多。由此，我们可以说，小说《神秘岛》中的生火方法也并不是那么合乎情理。

关于玻璃透镜的这一特点，古希腊人早在2000多年前就已经发现并且应用于实践当中，这甚至比眼镜和望远镜的发明早了1000多年。在喜剧《云》中，古希腊诗人阿里斯托芬曾描写过有关玻璃镜取火的片断：

斯：我早想到一个方法来销毁这张债券了！而且这个方法完美无缺——你见了以后，绝对会由衷地赞叹，它可真是一个绝妙的方法！在药房里，你肯定看见过用来点燃东西的那种圆球状透明物吧？

索：你说的是“取火玻璃”吗？

斯：就是它。

索：那该怎么做？

斯：我要等公证人取出债券开始填写时，悄悄地把这个取火玻璃藏在他的后面，让太阳光聚焦在一起，烧毁所有的文字……

如何用冰来生火

其实，将透明冰块做成透镜也一样可以生火。冰在折射光线的时候，本身并不会烧热和融化，它的折射率只比水低一点。因此，既然我们能够用盛水的圆瓶生火，也一定可以用冰块透镜来取火。

在小说《哈特拉斯船长历险记》中，作者儒勒·凡尔纳也提到了这种冰块做的透镜，它甚至还发挥了巨大作用：克劳波尼博士在温度达到-48℃，天气极其寒冷且没有火种的情况下，利用冰块点燃了火堆。

“这简直太糟糕了！”哈特拉斯对博士说。

博士回答：“的确如此。”

“我们竟然没有人带一台望远镜，要是有望远镜该多好啊！可以把镜头取下来生火了。”

博士回答：“是的，这一切糟糕透了，我们竟然没带望远镜。你看阳光多么强烈、多么刺眼，只要有一块透镜，我们就能烧着那些火绒。”

“现在该怎么办呢？看来只能吃生的熊肉来填肚子了。”哈特拉斯说。

“也许吧，”博士沉思了片刻，接着说，“没有其他好办法只能这样了，不过为什么我们不试一下……”

“试什么？你想到什么妙法了？”哈特拉斯欣喜又急切地问道。

“就只是一个念头而已……”

“一个念头？”水手大笑起来，“只要你有了念头，我们就不愁没救了！”

“还不知道能否成功呢！”博士有些犹疑地说。

“究竟是什么办法？”哈特拉斯好奇地追问。

“我们手头不是没有透镜吗？干吗不制造一个呢？”

“制造一个透镜？怎么制造？用什么材料？”水手的兴趣一下子提了上来。

“用冰块。”

“哦，你这是开什么玩笑……”

“不，当然不是。我们只不过需要将太阳光聚集在一起，使用冰块也能像玻璃透镜一样达到这个目的。不过，我们得先有一块淡水冰块，它的透明度更高，也更结实一些。”

“那块冰行吗？如果我没判断错的话，那块冰看起来很符合你的要求。”水手指了指百步开外的冰块。

“你的判断没错。快取一把斧头来，我们一起去吧，伙计们。”

三个人一同前去。果然不出所料！那块冰的确是淡水结成的。

博士要求砍下一大块冰，冰的直径约一英尺。他们三人先用斧头将冰的表面砍平，然后用小刀精心修理成圆凸形，最后用手不停打磨。没过多久，一块透明的透镜就做成了！它洁白无瑕、光亮明净，如同用最好的水晶做成的。那时候，头顶的太阳正在照耀着大地。博士用冰块透镜对着阳光，小心地把太阳光聚集在一起，然后将火绒放在亮点上。几秒钟之后，火绒便燃烧起来了。

图112 利用冰镜，博士把太阳光聚集到火绒上。

早在1763年，英国就曾有人成功地做过冰块透镜生火的实验。因此，小说中的这一情节并非虚构。不同的是，当时实验所用的冰块比小说中提到的冰块要大得多。不过从那以后，人们进行过多次同类实验，全部成功了。

需要指出的是，像小说中那样只借助于斧头、小刀之类的工具，在-48℃的天气中做冰块透镜其实很难。如果环境没有那么恶劣，有一个简单的方法，如图113所示，只需把水倒入一个碟子中，等它在低温环境中结成冰，然后再热一下碟子就可以了。

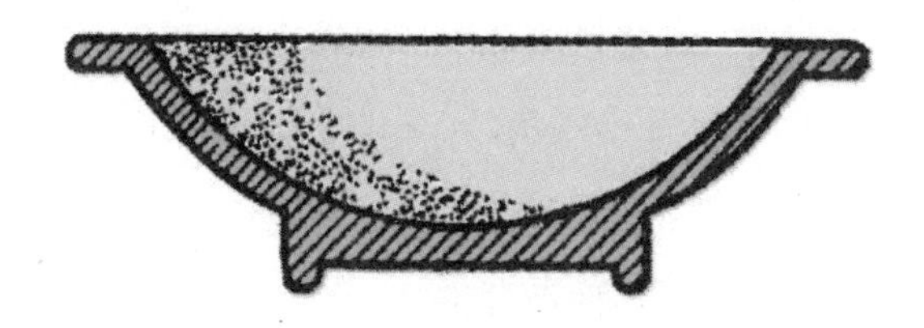

图113 用冰制成的透镜。

还要注意的是，在用冰块透镜做取火实验的时候，不能在房间里隔着玻璃做，因为玻璃会吸收太阳光里的大部分热能，留下的热能不够引起燃烧。最好挑选一个阳光很好、天气较冷的露天里做这个实验。

依靠阳光的力量

接下来，我们再做一个非常有趣的实验。

冬天下完雪之后，在有阳光照射的雪面上，盖上一黑一白两块布。过了几小时再去看，就会发现两块布产生了不同的变化：白布基本还是原来的样子，但黑布已经深深陷入雪中。换句话说，黑布底下的雪的融化速度要快于白布底下的雪的融化速度。其中的原理很简单：白色的布可以反射大部分的太阳光，所以吸收的热量较少，底下的雪不容易融化；黑色的布吸收了大部分太阳光的热量，所以底下的雪融化得比较快。

对于这个有趣的实验，美国物理学家富兰克林曾描写道：

我从裁缝那儿拿了几块方布片，它们的颜色各不相同，有深黑色、暗蓝色、紫色、淡蓝色、淡绿色、粉红色和白色等许多颜色。有一天早晨，天终于晴了，阳光暖和地照在雪地上。

我赶紧取出那些颜色各异的布条，将它们一一平铺在雪地上。几个小时后，我发现受热最多的黑色布条已深深陷入雪中，陷得连太阳光都照不进去了；暗蓝色的布条也陷在雪地里，差不多有黑色那么深；颜色较淡的蓝色布条就陷得轻了。其余的布条呢？颜色越艳丽或者越淡的，陷得越少。至于那块白色的布条，几乎没有下陷，仍然平铺于雪面上。

看到以上现象，富兰克林感叹地说：

如果我们不能利用一个成熟的理论并从中受益，那么这个理论有什么存在的意义？从这个实验中，难道我们不能得出在炎热的夏天穿白色衣服比黑色衣服更凉爽的道理吗？同样地，夏天时男女不应该戴白色的帽子用来防暑吗？……另外，难道黑色的墙壁不会在白天时吸收更多的太阳能，并在夜晚仍旧保持一定的热量，从而保护水果以防冻伤吗？难道那些细心的观察者，不能够通过这些实验发现更多有价值的小问题吗？

必须承认，这一理论在某些情况下确实会发挥巨大的作用。

例如，1903年，一艘轮船在南极进行探险时，不幸陷入巨冰中。当时动用了炸药、钢锯等办法，但都没有很好的效果，进度十分缓慢。

后来有人想到，可以用黑灰和煤屑铺在轮船前面的冰上，以吸收太阳的热量。于是，他们用这些东西铺出一条长2千米、宽20米的冰面“大道”。在阳光的照耀下，黑灰和煤屑覆盖下的冰慢慢融化了，轮船也终于脱离了险境。

几种“海市蜃楼”

海市蜃楼是怎么产生的？想必大多数读者已经有所了解。

在炎热干燥的沙漠里，因受太阳的灼晒，沙漠近地面的热空气要比上层空气稀薄，让它具有了类似镜子的功效。此时遇到密度较小的空气，从遥远地方射过来的光线就会发生弯曲，当它射到沙子上，再折射到人眼中时，许多奇特的景象随之浮现。在人眼中，好像沙漠前面有一片倒映着岸上景色的巨大水面。

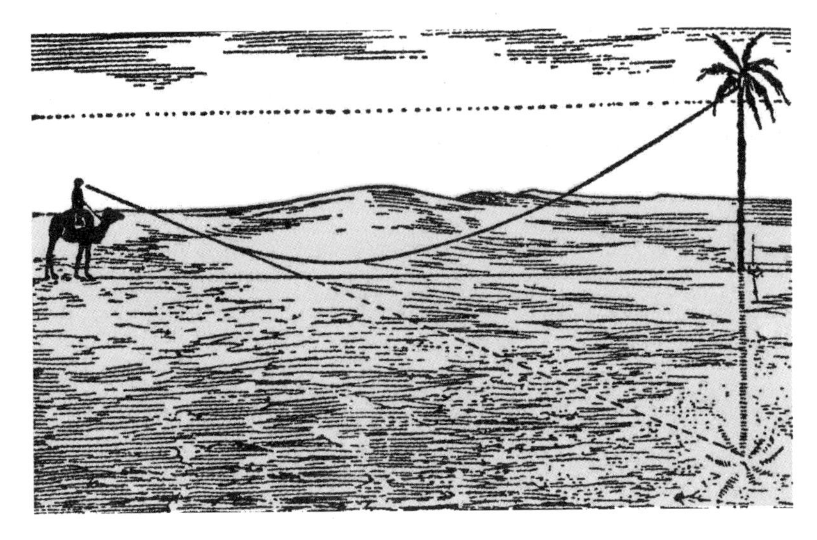

图114 海市蜃楼的原理。

更准确地来说，接近沙子的那部分热空气也并非完全就像一面镜子，它并不只是简单地反射光线，更像是从水底向上看水面。

这一现象完全不同于普通的反射，在物理学上，它有一个独特的名字叫“全反射”。光线的入射角越大，也就是尽可能倾斜地照到热空气层，得到“全反射”现象的概率才会大一些。如果入射角不够大，达不到所谓的“临界值”，那么“全反射”也难以实现。

据我们所知，大气层上方的空气密度小于底下的空气密度。那么，在刚才的解释中，还有一点很容易让人产生误解。如果密度大的空气在密度小的空气的上方时，它就会向下流动。那么在海市蜃楼里，为什么密度小的空气反而可以停留在密度大的空气的下面呢？

其实，这一点并非很难解释。

我们刚才所说的情形主要存在于稳定的大气层中。在流动的大气层中，情况并非如此。接近沙子的热空气也是在不断上升，并非一直停留在沙子上面。一旦它升起来，别的热空气会立刻弥补它的位置，所以这一层空气始终能够保持较高的温度。

换句话说，无论热空气怎样不断更替，始终还是有一层密度较小的热空气在靠近沙子的上方。对光线来说，只要是热空气就可以了，才不管它是不是最初的呢！

我们刚才谈到的海市蜃楼，在气象学上一般称为“下现蜃景”。当然，还有另外一种称为“上现蜃景”的现象。这种情况一般是因为上方的空气密度小，并发生反射而形成的。

其实，海市蜃楼并不像我们想象中的那样，只发生在南方那种特别炎热的沙漠地带，北方也有可能发生。例如，颜色较深的柏油马路经过太阳炙烤后，路面好像被洒了一层水，我们可以看到其中倒映着远方的物体，如图115所示。

只要你留心观察，这种现象在夏天能够经常看到。

另外，还有一种因为侧面墙壁受到炙烤而发生反射形成的“侧现蜃楼”。从名字上，我们可以看出它表现的是侧面景象。以前，有一位作家遇到并描写过这一现象。

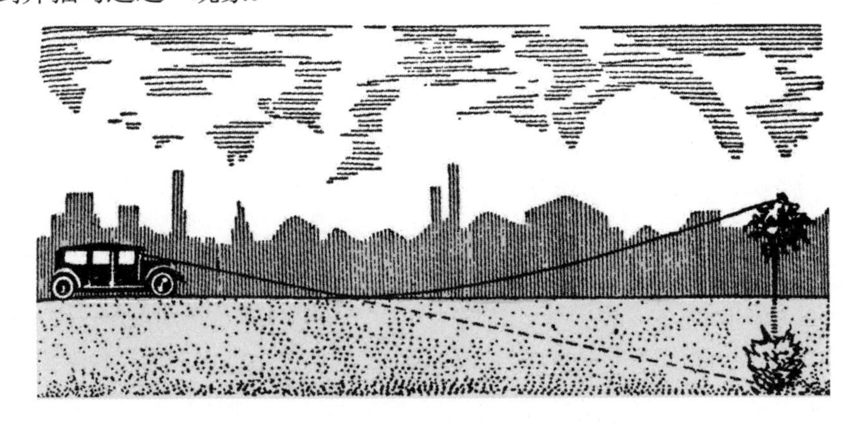

图115 在柏油马路上看到的海市蜃楼。

有一次，在经过一座炮台堡垒时，作家偶然发现，堡垒的墙壁突然亮了很多，映照出周围的全部景色，如同一面镜子。当作家继续向前走，来到另一堵墙边时，他发现原本凹凸不平的墙面变得异常光滑，并看到了同样的景象。其实，这是因为那天天气晴朗，堡垒的墙壁被强烈的阳光烤得非常热，随之形成了这一奇特的景色。

如图116所示，F和F′分别为堡垒的两堵墙。A和A′分别表示作家所处的位置。我们用肉眼观察到的景象，还可以用相机拍摄下来。

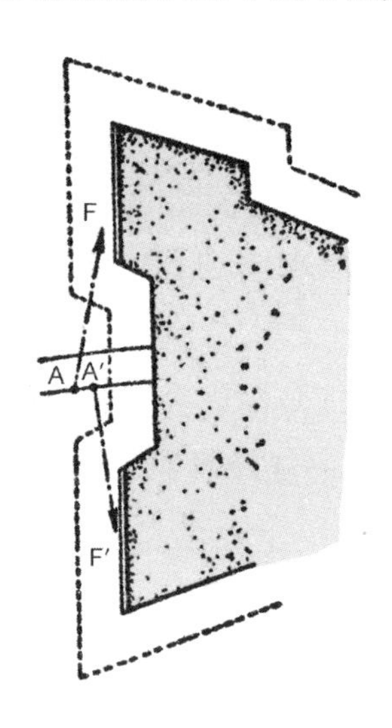

图116 堡垒墙壁示意图。从A点看，墙壁F如同一面镜子；
从A'点看，墙壁F'也像一面镜子。

如图117所示，我们用F表示堡垒的墙壁。刚开始，堡垒的墙壁凹凸不平（图中左侧），然后变亮了（图中右侧），就像镜子一样，这是我们从A点拍摄的效果。但在左侧的图片上，我们能看到的只是一面没有任何反射现象，不可能照出人形的普通墙壁。在右侧的图片上，我们能看到像镜子一样变亮了的那面墙，映照着距离较近的那个人的身影。这其中的原因和前面一样，也是因为靠近墙壁的空气被烤热了。

图117 凹凸不平的墙壁（左）突然变得像镜子一样光滑，能反射了（右）。

只要你有一双善于观察的眼睛，这种现象在夏天时常出现，尤其是在那些比较高大的建筑物墙壁上。

《绿光》

你一定从海上观察过日落时的炫丽景象吧？有没有观察到太阳与海平面同处一线、最后完全从视野里消失的全过程？如果在观察时，恰好碧空如洗，万里无云，你是否留心过太阳射出最后一道光芒那一瞬间发生的情景？这一美妙的情景，恐怕你就不曾见过了。

如果再有机会，我提醒你千万别错过。那一瞬间，你所看到的不是万丈红光，而是无比艳丽的绿光。这种颜色之美，不是画家在调色板上随手可以调出来的，就连大自然本身也无法复制如此美轮美奂的色彩。

英国的一份报纸最早报道了这种现象。后来，在儒勒·凡尔纳的小说《绿光》中，年轻的女主人公为了亲眼看到这种绿光，确认它的存在，不停地旅行于世界各地。这位苏格兰女青年最终抱憾而归，没能看到如此美妙奇特的景象，但这并不能否认该现象的真实性。

是的，它是真实存在的。无论是谁，只要见到这一景象，一定会赞不绝口，那个女青年真是不够幸运啊！

为什么会有“绿光”

“绿光”出现的原因是什么呢？如果你曾经透过三棱镜看物体，就会发现其中的缘由。现在，我们不妨做一个实验。

先将一个三棱镜底面向上放到眼前，然后通过它来观察钉在墙上的白纸。可以发现，墙上的白纸上边变成了紫色，下边变成了黄红色，而且它的位置也比以前高了许多。这一现象该如何解释呢？首先，对于不同颜色的光线，玻璃的折射率是不同的。紫色光和蓝色光比其他颜色的折射率更大，红色光的折射率最小。因此，白纸的上边变成了紫色，下边变成了红色。由此可知，白纸的变色是由散色引起的。白纸位置的变化比较好理解，是由光线的曲折而导致的。

大家都知道，白光由很多种颜色组合而成。三棱镜的一个很大的特点，就是可以把白光分散成光谱上所有颜色的光。白光在通过三棱镜之后，按照折射率的大小，分散成许多依次排列且相互重叠的颜色。因此，各种颜色的光中间重叠的一部分，看上去仍旧是白色，没有其他的颜色重叠，就显现出了本来的颜色。

著名诗人歌德不清楚其中的原理，提出一个“新”理论，并写了一篇文章《论颜色的科学》，想借此说明牛顿关于颜色的理论是错误的。但是，由于三棱镜本身不可能产生新颜色，再加上这篇文章本身就建立在错误原理之上，所以它只是一个站不住脚的理论而已。

对于我们的眼睛而言，地面大气相当于一个倒立的大三棱镜。通过这个倒立的空气三棱镜观察快要落山的太阳，蓝绿色显现在太阳的最上端，黄红色显现在太阳的最下端。

这种现象一般只发生在太阳的绝大部分光位于地平线以下时，即日出和日落的一瞬间。在太阳高出地平线很多的时候，很难观察到这一现象，因为上下边缘的弱光被比较强的中间光遮住了。

实际上，太阳落山时，上端是由蓝色和绿色两种颜色合成的天蓝色，并非只有一种颜色。在空气非常透明、光洁的情况下，我们看到的就是蓝光。经过大气的散射作用后，蓝光一般会变成一道绿光的边缘，此时就是我们之前提到的“绿光”现象了。

但在大部分情况下，蓝色光和绿色光都被并不透明的大气散射掉了，所以我们很难看到“绿光”现象，只能看到红色的太阳。

在普尔科沃天文台，季霍夫曾研究过“绿光”。他说，如果我们用肉眼观察到太阳下山时并不那么刺眼的红色，那就不可能看到“绿光”现象。这一点很好理解，在大气散射的作用下，蓝色光和绿色光均被散射，即太阳上边缘的颜色被散射掉，太阳才能显现出红色。

他还描述了一种一定会出现“绿光”的现象，即太阳下山时是特别刺眼的黄白色，而非红色。但要有一个前提，就是在周边没有树木或建筑物，在地平线既清楚又平坦的地方才能看到“绿光”。这种条件很难在陆地上达到，只有在海上才能实现。可以说，海员是最有发言权的。

由此引申出一个问题，相对于北方而言，为什么南方更容易看到“绿光”现象？因为这种现象只有在大气非常光洁、透明的天气里才能看到，而南方的地平线附近的空气比较洁净。当然，如果在北方碰上了空气清澈、天气晴好的某一天，也有可能看到“绿光”。有人曾用望远镜观察过这一现象，阿尔萨斯的两位天文学家形象地描述道：

太阳落山之时，那个轮廓分明、如同火焰涌动的太阳圆盘，仿佛给盘沿镶上了一层绿色的边。不过，肉眼无法看到绿色的镶边。只有当太阳完全落到地平线之下，我们才能看见它的美丽。可是，如果我们借助高倍望远镜，在太阳落下地平线的前10分钟，就能看到那个美丽的绿色镶边了。

它围绕在太阳圆盘的上半部分，下半部分仍然是红色镶边。起初，绿色镶边很狭窄（视角只有几秒），随着太阳一点点下落，镶边越来越宽，视角最后达到了半分之多。我们还可以观察到，绿色镶边的凸起部分会随着太阳的下落而逐渐向上滑移。当太阳完全消失在地平线之下，这个绿色的凸起部位滑到了最高点，随后看上去就好像突然从镶边上脱离出来，悬浮于空中，继续发光，数秒后才完全消失（图118）。

在山后的观察者，能一直看见“绿光”的时间有5分钟。通过望远镜看到的“绿光”正是右上角的小图部分。当太阳在1的位置时，由于光线十分刺眼，无法看到“绿光”，当太阳在2的位置，就可以看到“绿光”了。

图118 行走中的人看到“绿光”。

在一般情况下，“绿光”现象只会持续1-2秒钟，不过也有人看过长达5分钟的“绿光”。因此，它可以在一些特殊情况下持续较长时间。如图118所示，太阳在遥远的山后缓缓落下，如果你走得比较快，可以看到绿色的镶边就好像沿着山坡下落一样。

有人认为，“绿光”是一种幻觉，只出现于日落时分。这个说法不对，我们同样可以在太阳还没有完全脱离地平线的清晨看到“绿光”。而且，“绿光”现象并非只出现于太阳这一个天体，在金星上也曾出现过这种现象。

Chapter 9
单眼和双眼的视觉差别

没有照片的年代

照片在生活中很常见，我们无法想象在很久以前，我们的祖先在没有照片的时候是如何面对生活的。

在小说《匹克威克外传》中，作家狄更斯曾经提到为了画一个人的相貌而闹出笑话的事情。下面，我们就来看看这个发生于监狱中的故事。

“是一直坐在这里，让人为我画画像吗？”匹克威克先生反问道。

“嗯，要画下你的肖像啊，先生，”胖个子狱卒说，“想必你早已知道，我们这儿都是画像高手。不会占用你太多时间，很快就会画好，保准与你一模一样。进来吧，先生，放松点儿！”

匹克威克先生进来坐在椅子上，他没理由拒绝狱卒的邀请。

一直站在椅子背后的山姆伏下身，悄悄地在他耳边说，这里所说的坐着画像，其实是一种比喻意义：“简单说，先生，那些狱卒为的是能认出你，把你和其他犯人区别开来。”

画像仪式开始了。肥胖的狱卒过来随意扫了几眼，离开了。另一个狱卒进来，坐在新犯人匹克威克先生前面的椅子上，很专注地看着他。第三个狱卒几乎将脸碰到匹克威克的鼻尖上，聚精会神地研究着匹克威克身上的每一处特征。

谢天谢地，画像仪式终于结束了。匹克威克先生接到通知，肖像画好了，他可以进监狱了。

在人们还不懂得画像的时候，只能通过面貌特征的“清单”来一一分辨时，这已经算是好的了。

在《波里斯·戈都诺夫》中，普希金也曾描写过一个类似场景：

沙皇在提到格里戈里时，这样描述他的外貌："矮小的身材，很宽的胸脯，两只不一样长的手臂，蓝色的眼睛，红色的头发，脸颊上有一个痣，额头也有一个。"

现在，当然不用如此麻烦了，只需要一张照片就可以解决问题。

许多人为什么不会看照片

19世纪40年代，人们发明了照相技术。当时使用的是银版照相法，与现在的照相技术相比，它有一个很大的缺点，就是花费时间长。要想照好照片，被拍的人通常需要在一个地方坐很长时间，有时甚至长达几十分钟。

圣彼得堡的一位物理学家威因博格曾经提到，自己的祖父在照相机前坐了整整40分钟，只为了照一张难以复制的银版照片。

刚开始的时候，人们认为不用画家就可以得到自己的肖像照片根本就是天方夜谭，这种技术不可能存在。对此，1845年的一本俄国杂志有一段有趣的描述：

直到现在，依然还有许多人不相信银版照相机能拍出照片。

有一次，一个人穿戴整齐地跑到照相馆去照相。摄影师请他坐在椅子上不要动，调整好焦距，插上银版底片后，记下时间就关上房门出去了。摄影师在时，这个人老老实实、一动不动地坐在椅子上。摄影师一走，他就站起来了，觉得没必要一直这么傻坐着。

这个人站起来跑到照相机旁，嗅了嗅鼻烟，绕着照相机左瞧瞧右看看，并将眼睛凑在相机玻璃前，想看一看照片，结果什么也没有看到。他摇了摇头说:“真是一个奇怪的玩意儿。”说完,便在房间里不停地走来走去。

摄影师终于回来了,推开门一看,生气地惊叫起来:“你没听懂我的嘱咐吗?我再三告诉你,要一动不动地坐在椅子上啊!”

“我是一直坐着没动呀!等你走了之后,我才站起来走动的。”

“我走之后,你也应该一直端坐在椅子上,不要动呀!”

“什么?我为什么要一动不动地傻坐在椅子上呢?”

现在,我们当然都不再怀疑照相技术了,照相时也无须再坐那么长时间。但是,这并不意味着大家都很了解照相。

例如,很多人觉得看照片拿在手里看就好了。其实不然,看照片可不是一件简单的事情。虽然照相技术发展了100多年,已经广泛应用于大家的日常生活中,但别说普通人,就连很多摄影爱好者与专业的摄影师也未必会看照片。

放大镜的奇妙作用

近视的人会把照片上的景物看成立体效果,那么视力正常的人怎么办?他们不可能把照片放到那么近的距离上看。幸亏有放大镜!一个放大率2倍的放大镜就能很好地解决这个问题。此时,放大镜相当于一个实体镜,利用它看照片的效果不同于平时用两只眼睛远距离看照片的效果。

其实,人们很早之前就知道这个事实:通过放大镜,只用一只眼睛就可以很容易看到照片的立体效果,但是他们并不明白其中的道理。

也曾有读者给我们写信寻求解释:

再版的时候,请您讨论一下:透过普通的放大镜看照片,为什么能看到立体效果？据我看来，任何关于实体镜的复杂解释，经过仔细推敲就会有漏洞。不管理论如何解释，如果你只用一只眼看实体镜，总会看到立体的影像。

利用实体镜的原理，可以制造出一种叫“画片镜”的东西，我们可以在玩具店里见到它。

透过这个玩具上面的小孔，我们很容易看到照片的立体效果。人眼对远方物体的立体效果的感知比较弱，而对近景物体的立体效果的感知则比较敏感，所以玩具商经常会把一些剪下来的近景物体放在靠近小孔的位置。如此一来，立体效果就增强了。这时候，我们再去看小孔里的照片，就会觉得它们的立体效果非常好。

放大照片

不用放大镜，在正常距离下，有什么方法可以让人看到照片的立体效果呢？很简单，我们使用一个焦距大约是25厘米的镜箱来拍照就可以了。此时，通过一只眼睛看照片，我们可以在明视距离上看到它的立体效果。

随着照相机的不断改进，我们有了用两只眼睛一起看出照片的立体效果，不必再闭上一只眼睛了。如果两只眼睛所成的是相同的像，此时就会看到平面的景象，但是两只眼睛看到物体的差别会随着距离的拉长而很快下降。有人通过实验证实了一点：用两只眼睛看焦距达到70厘米的镜箱拍出来的照片，也能看出它的立体效果。

可是，焦距太长的照相机使用起来很不方便，有人便想出一个把普通相机所拍的照片放大的办法。例如，把焦距15厘米的相机拍出来的照片放大4-5倍，它的“适当距离”就被拉长了，在60-70厘米的距离上，我们无须借助放大镜，只用两只眼睛就能看出照片的立体效果。

只不过，虽然照片的实际效果不会受到影响，但随着照片的放大，一些细节会变得模糊不清。好在我们关注的并非是细节，只是远距离的立体感而已。

给画报读者的建议

经常会看到一些用相机拍摄，然后复制于画报上的照片。拍摄这些照片时所使用的相机是不同的，因此相机的焦距也有所不同。这时候，我们该如何才能看出立体效果呢？答案就是，在不同的距离上看。

下面，我们就通过一个实验来找一下最佳距离。

首先，我们先闭上一只眼睛，只用另一只眼睛看。然后伸直手臂，让画报上的照片垂直于视线，保证照片位于视线的正中间。最后将画报慢慢靠近眼睛的方向。这样一来，观看照片的立体效果的最佳距离就很容易找到了。

只要采取上面的方法，很多看上去呈平面、甚至模糊不清的照片，我们都可以看到它的立体效果，有时还会体验到较强的立体感。而且，照片上的水光，或者其他实物的影像，我们也可以通过这个方法看到。

其实，人们很早就发现了这个方法，只不过知道的人比较少。卡彭特曾在1877年出版的著作《物理基础》中介绍过这种方法：

很明显，用一只眼睛观看照片的好处有三点：第一，可以避免物体的平面感影像。第二，物体看起来活灵活现，更逼真。尤其是那些原本看起来一动不动的“死水”影像，所呈现的效果更明显。与水有关的景物可以说是照片中最难体现的部分。如果我们像平时一样双眼直视，水面犹如蒙上了一层蜡，灰蒙蒙的。可是用一只眼观看，效果就大不一样了，水的透明性和明暗变化等会很好地呈现出来。第三，用这种方法还能辨别不同的物体，比如我们要区分铜制品与象牙的表面有什么不同，或者说它们的颜色有什么不同，用一只眼睛观察照片就比用两只眼睛更容易区分物体的组成和颜色。

之前说过，我们可以通过放大照片来看出它的立体效果。那么，缩小照片又会是什么情况呢？与此相反，如果我们把照片缩小，给人的感觉就是照片是平面且清晰的。当然，立体效果也就很难看出来。换句话说，缩小的照片和用焦距非常小的镜箱拍出来的照片是一样的。

其实，以上所说的对于画家画的画也同样适用。我们可以通过选择一个适当的距离，看出画上远近不同的景色。就是说，只用一只眼睛看的话，普通的平面画同样可以显示出立体效果。

实体镜是什么

之前，我们一直在谈论图画或者照片，接下来要说一说实体。首先，请思考一个问题，当我们看物体时，眼睛上所成的都是平面的像，那么我们为什么会有立体的感觉呢？换句话说，在看物体的时候，是什么使我们产生了立体感呢？

其中的原因很复杂。首先，物体的表面并非十分平坦，都有一些使其显现出不同明亮程度的凹凸。借助于不同的明亮程度，我们可以大致判断出物体的形状。其次，眼睛在看远近不同的物体时所受到的张力是不同的，所以要想看清它们，眼睛需要不断“对光”，看平面图片时眼睛就不会这样。最后，相信我们都体验过，单独用左眼看到的物体与单独用右眼看到的物体是不同的，所以物体在两只眼睛上其实所成的像不同。我们看物体时的立体感正是由上述原因造成的，具体情形如图119所示。

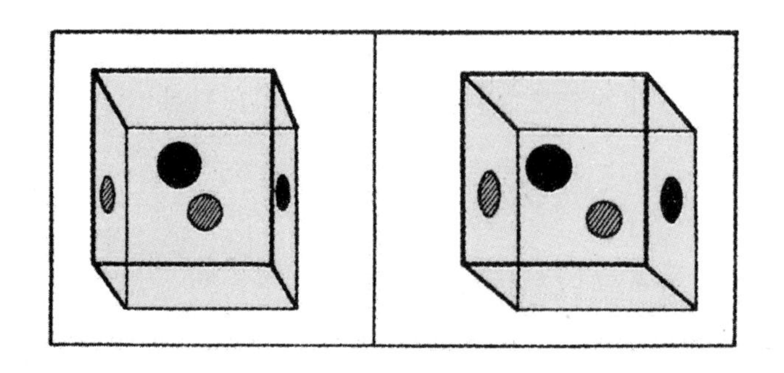

图119 左右两眼分别看同一个绘有圆点的玻璃立方块时所看到的不同景象。

将左右两只眼分别看到的物体的样子画出来，我们就会发现，它们是两张不同的画。现在，把它们分别放在左右两边，然后左边那张用左眼看，右边那张用右眼看。此时看到的就是一个立体的物体，而非两张画了，而且它的立体感比单独用一只眼看到的物体的立体感更强。

当然，这些仅凭肉眼很难做到，借助于实体镜这种工具就比较容易实现了。只不过，新式实体镜和老式实体镜有所不同，它用的不是反射镜，而是凸面三棱镜。用这种新式实体镜看图时，通过三棱镜后改变方向的光会使两个像重叠，从而产生立体效果。虽然实体镜的原理很简单，却还是可以产生许多不可思议的效果。

现在，很多人利用实体镜看风景，研究地理的人也用它看立体模型。可以说，实体镜的应用已经非常广泛了，我们将在后面一些章节中提到它的其他应用。

天然的实体镜

如果我们对眼睛做一番训练，可以不借助实体镜，仅用肉眼看出物体的实体图，唯一的不同就是肉眼看上去的实体图并不会放大。

在实体镜还没有被发明之前，很多人就是通过训练眼睛来看实体图。不过，这种方法因人而异，有些人本来眼睛就有问题，或者习惯了用一只眼睛看东西，即便刻苦训练，甚至使用实体镜，都不一定能看到立体图形；有些人不用实体镜，只需稍加练习，就可以用肉眼看到立体效果。

如图120至图126所示，这是几张按照由简至难顺序排列的实体图。不借助实体镜，你能否仅凭肉眼看出来？

我们先从图120的两个黑点开始。首先，要把这两个黑点放到很靠近眼睛的位置，然后聚精会神地用两只眼睛同时看黑点的中间部分，持续几秒就能发现，刚才的两个黑点翻倍了，并且中间的两个黑点越来越近，两边的两个黑点越来越远。最后，中间的两个黑点汇聚成一个黑点。

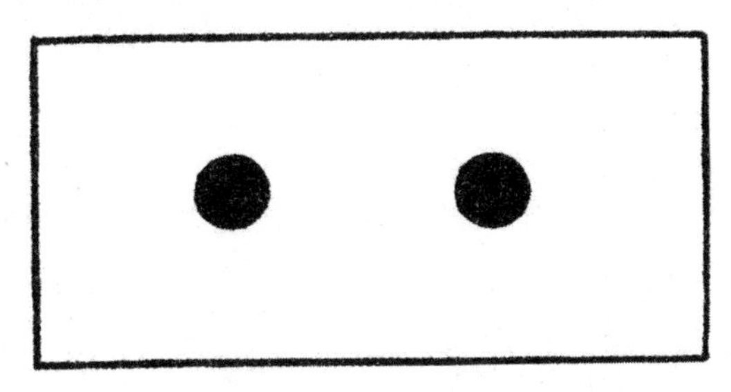

图120 持续凝视两个黑点中间的空白几秒钟，
你会发现两点融合到了一起。

按照这个方法，你可以成功地看到两个黑点合二为一。那么，你也可以看出图121和图122的实体图。

图121 利用同样的方法观看，
你会发现左右两个圆融合到了一起。

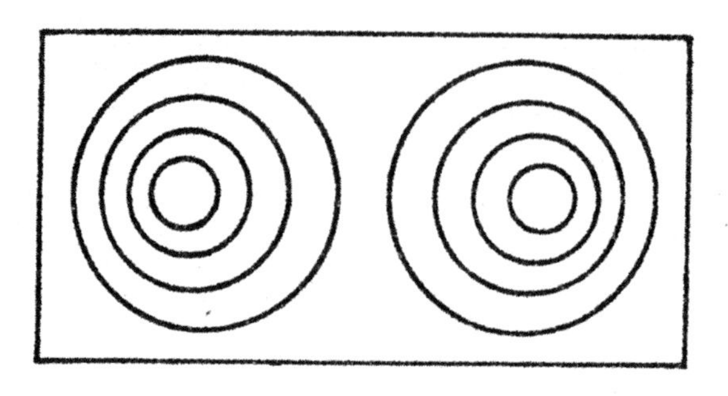

图122 经过前面的两个练习后，再看这幅图，
你会发现好像看到了一根伸得很长的管子。

图122的图像是一根伸向远方的管子，图123的图像是几个悬空的几何体，图124的图像是一条隧道或长廊，图125的图像是一条鱼游在透明的鱼缸中，图126的图像是一片海洋。

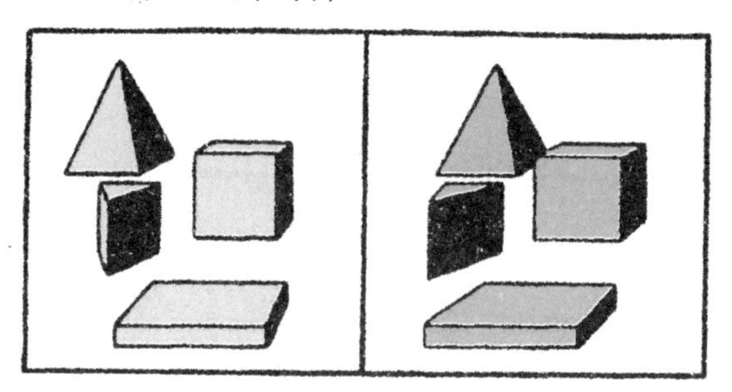

图123 当两幅图融合到一起，
你会看到就像四个几何体悬浮于空中。

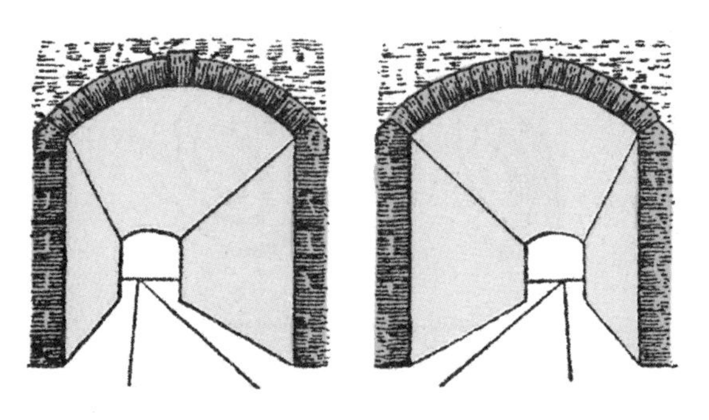

图124 一条通向远方的隧道或长廊。

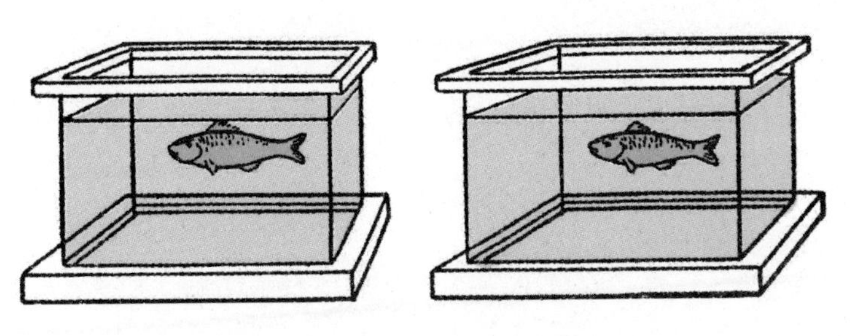

图125 一条游在鱼缸里的鱼。

图126 一片海洋。

这种方法很容易学习，大部分人一学就会。近视或远视患者也不必摘下眼镜，只需将图片拿到眼前不停地前后移动，直至找到合适的距离即可，很容易就能训练出来。当然，如果想要成功率更高一些，最好是在光线充足的地方看图。

经过不断的练习，在不用实体镜的情况下，我们也可以看到图画背后的立体图形。稍微难一些的图127，通过多加练习也可以看出来。

读者朋友们还是要注意，每次的练习时间不要太长，而且要在眼睛不会过度疲劳的前提下练习。

如果练习过后仍然看不出立体图形，可以借助实体镜或远视镜看。找一张硬纸板，剪出两个圆孔，将远视镜放到小孔上，然后透过两个镜片去看图。同时，要将一张纸片隔在两张并排的图画中间，然后就可以通过这个装置看到立体图形了。

用单眼和双眼看东西

如图127所示，左上角的两张图上都有三个小药瓶，不管你如何看，从什么角度看，大小规格好像都一样。其实，它们之间的差距很大，并非完全一样。那么，这种错觉是如何产生的呢？因为瓶子离照相机的距离不一样，即每个瓶子离我们的眼睛的距离不一样。小瓶子离得近，大瓶子离得远。但是，我们不能很轻松地分辨出究竟哪一个离得近，哪一个离得远。

图127 左边两图是两只眼睛看到的；右图是从实体镜中看到的。

通过刚才的练习方法，或者借助于实体镜，我们可以分辨出来：离得最远的是最右边的小瓶子，中间的小瓶子次之，距离最近的是左边的小瓶子。这三个瓶子的实际大小在图127右上角被画出来了。

那么，我们接着来看图127下面的照片。图中有两个花瓶、两支蜡烛、一个钟。看上去，两个花瓶的大小一样，两支蜡烛的大小也一样。其实，左边的花瓶大约比右边的花瓶大一倍，右边的蜡烛也比左边的蜡烛要大。通过刚才看实体图的方法，我们可以发现，它们的大小也完全不一样。那么，这种大小一样的感觉是如何形成的呢？因为它们的摆放有前有后、有远有近，并不是在一条直线上，而且小的摆得近，大的摆得远。

通过以上分析，我们可以发现：用“两只眼睛”看立体图形的效果要比用“一只眼睛”看的效果好。

巨人一样的视力

一般情况下，只要物体的距离不超过450米，它们在我们眼中就是立体的影像。但一些远距离的建筑物、山体，以及风景等远远超出了这个距离，它们在我们眼中就是平面效果，而非立体效果了。同理，因为距离遥远，所以我们感觉天上的星星距离地球都差不多远。其实不然，月亮比其他行星要近很多，行星又比恒星要近很多，而且它们之间也相去甚远。

可以这样说：距离我们超过450米的物体，无法用肉眼看到它的立体影像。因为，人的两只眼睛之间的距离最多不过几厘米，450米与之相比，实在是太大了。物体在两只眼睛中的影像完全一样，在这个距离以外拍出来的照片也没有任何差别。所以即使使用实体镜，也无法看到它们的立体影像。

但是，我们可以通过在两个不同地点进行拍摄来弥补眼睛的这一“缺陷”，只需要这两个地点的距离大于两只眼睛的距离就可以了。

借助于实体镜去看用这种方法拍出来的照片，我们比较容易看出远处物体的立体影像。因此，通过这个方法还可以拍出更多的立体风景照。另外，人们发现，如果想要看到物体本来的大小，借助于有凸面的放大棱镜来看这种照片，效果非常惊人。

此时，聪明的读者一定想到了，我们能否利用双筒实体望远镜来观看远处的物体呢？这样就可以在不需要事先拍出照片的情况下，看到物体的立体影像了。

是的，这种仪器早就被发明出来了，它就是实体望远镜。这种实体望远镜最大的特点是两只镜筒之间的距离大于我们两眼之间的距离。如图128所示，反射棱镜将两只镜筒上的成像反射到眼中。当我们用这种实体望远镜观看远方的物体时，就会发现，远处的山不再是一片模糊，而是有棱有角，凹凸不平。远处的房子、树木、轮船都变得有立体感，甚至可以看到普通望远镜看不到的遥远轮船。我们好像置身于一个非常宽广的立体空间中，视觉效果十分震撼！在实体望远镜没有被发明之前，这种景象大概只在神话中才会出现吧。

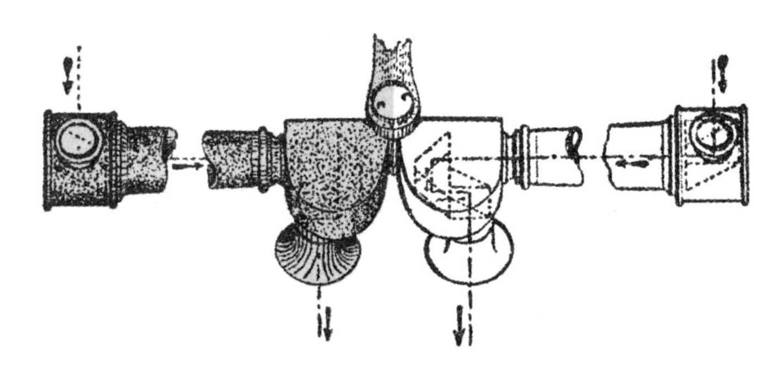

图128 实体望远镜示意图。

一般来说，实体望远镜两只镜筒之间的距离是人眼间的距离的6倍。已知6.5厘米为普通人两眼之间的距离，那么可以算出，实体望远镜两只镜筒之间的距离为$6.5\times6=39$厘米。假设这只实体望远镜的放大倍数为10，相比于我们直接用肉眼看到的景象，它看到的景象要凸出60倍。在25千米的距离上，我们仍然可以用它看到物体的立体影像。

现在已经有了非常先进和实用的实体望远镜，有些还带有测量距离的刻度，它成为大地测量的工作人员，以及海员、炮兵、旅行家不可缺少的工具。

还有一种用棱镜制作的实体望远镜，如图129所示。它的物镜间的距离也大于人眼之间的距离。为了让舞台上的布景显得更逼真，戏剧镜一般与此相反，借助缩小物镜间的距离来削弱舞台上的立体感觉。

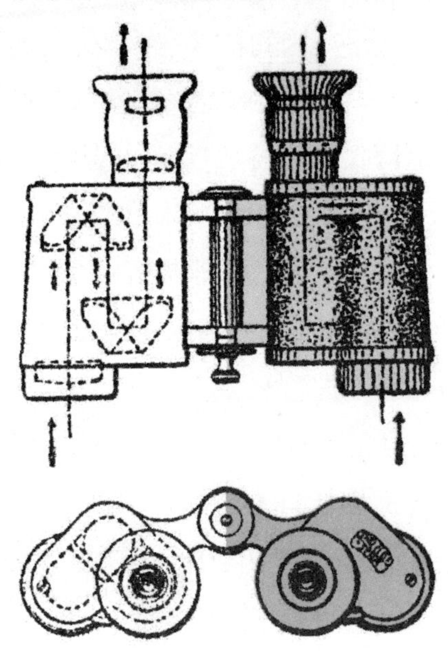

图129 用棱镜制作的双筒实体望远镜。

实体镜中呈现的浩瀚宇宙

实体镜可以帮助我们看清距离比较远的物体，但是对于月球或是其他天体而言，通过实体镜也不可能看清楚，因为它们与我们的距离实在是太遥远了。

不妨想想看，一般的实体望远镜两个物镜之间的距离是30-35厘米，跟地球和某个行星之间的距离相比，这又算得了什么呢？那些天体距离我们至少有几千万千米。即使制造出一个物镜间距达到几十或者几百千米的特大实体望远镜，也不可能看清楚天体的立体影像。

还有没有其他方法呢？其实，我们可以利用天体的实体照片来观看。例如，可以用照相机在不同的时刻拍下天体的照片。这两张照片可能拍摄于地球的同一地点，但是对于整个太阳系而言，它们相当于是在太阳系里的两个不同地点拍摄的。因为地球在太阳系中经过整整一个昼夜的时间，走过了上百万千米的路程，可以想象这是两张天差地别的照片。由此，利用实体镜观看这两张照片，我们就可以看到天体的立体影像了。

我们甚至还可以利用地球的公转，从两个不同地点来拍摄天体的照片，这也是实体照片。此时，可以把地球想象成是一个两眼间的距离有上百万千米的巨人。天文学家在不同时间拍摄的天体照片，用以观察它的立体影像，也正是利用了这一原理。

众所周知，月亮是距离我们最近的天体。通过观察它的立体照片，我们可以发现，月球的表面就像有人用刻刀刻过一样凹凸不平，很有立体感。我们可以利用这些凹凸，测算出月球上某座山的高度。

一些新的行星也可以利用实体镜来发现。例如在不久之前，我们只能依靠运气，偶然发现木星和火星的轨道间分布着一些小行星。现在，我们可以通过对比实体镜拍下的一些天体照片，来发现它们的存在。

通过实体镜，人们不仅可以区分两个点的不同位置，还可以辨别两个点的不同亮度，它的这一特点被天文学家广泛应用于发现天体亮度的周期变化当中。如果某个星星在不同的照片上亮度不同，只要借助实体镜就可以分辨出来。

要想拍到仙女座星云和猎户座星云的实体照片，在太阳系中是完全不可能的，但是人们利用实体镜，果真拍出了这样的实体照片。太阳系的不断运动给天文观测带来了很大的困难，天文学家却想出一个简单又巧妙的方法：先拍一张照片，隔很长一段时间再拍另一张照片，然后通过实体镜去观察它们。利用这个方法，天文学家们观测到了浩瀚宇宙中的许多星体。

三只眼睛的视觉效果

用三只眼睛看东西？你是不是觉得很不可思议？

是的。虽然我们没有第三只眼睛，但在科学的帮助下，能让人看到仿佛用三只眼睛才能看到的东西。

众所周知，在利用实体镜看实体照片的时候，我们仅用一只眼睛就能看到立体影像，而且只需把本来给两只眼睛看的照片在银幕上快速交替播放即可，方法非常简单。换句话说，本来两只眼睛看到的画面，我们可以通过一只眼睛同时看到。其中的原因就是，人的眼睛在视觉上是无法感觉出照片快速变换时的运动，就像是同时看到的一样，会融为一体。

当然，我们看电影时看到的一些立体效果并非完全出自于此，摄影机在拍摄照片时出现轻微地均匀抖动，也会让前后照片并不完全相同。因此，当银幕上的照片快速变换时，我们会有一种它们已经融为一体的立体感。

回到主题，当快速变换的两张照片可以被一只眼睛看到时，我们就可以用另一只眼睛去看另一个地点拍摄的另一张照片了。

对于同一个物体，我们可以在三个不同的地方分别对其进行拍摄，这样就得到了三张不同的照片。然后在人的一只眼睛前，播放快速变换的两张照片，此时这只眼睛就会看到物体的立体影像，而另一只眼睛会去看另一张照片。虽然我们还是在用两只眼睛看照片，但是这两只眼睛看到的立体影像会融合到一起，立体效果大不一样，显得特别强。

光芒是如何产生的

如图130所示，这里有一张白底黑线的实体照片和一张黑底白线的实体照片。当我们利用实体镜观看时，会是什么效果呢？德国物理学家赫尔姆霍茨进行了亲身试验，并且做出了描述：

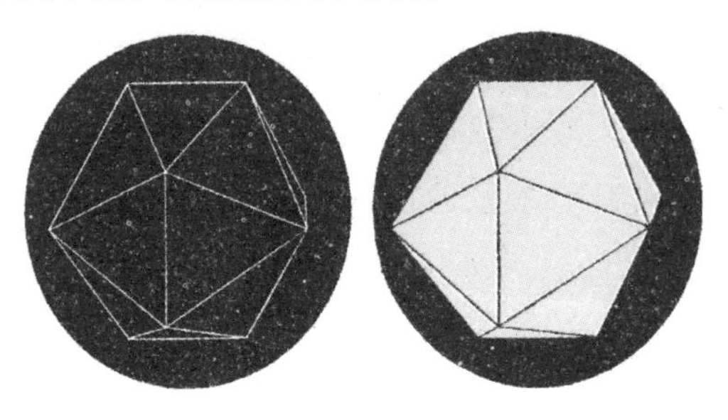

图130 多面体实体照片。用实体镜观看，

可看到两张图融合在了一起，黑色背景好像散发着光芒一样。

如果在一张平铺的白纸上放两张实体图，一张图的背景是白色的，另一张图的背景是黑色的，其它图案相同。那么在实体镜里，这两张图融合在一起就好像发出光芒一样。即使这张图所用的纸很粗糙，也会产生这种效果。

利用这种方法做成的晶体实体图片，让人感觉晶体模型好像是用熠熠生辉的石墨做成的。利用这个方法，我们还可以发现，水、树叶等景物在实体镜下会变得非常好看。

1867年，一位名叫谢齐诺夫的生物学家在《感觉器官的生理学·视觉》中详细地分析了这一现象：

用实体镜观察明暗程度不同或颜色深浅不一的两个表面融合在一起的实验，能让我们找到物体发光的必要条件。

那么，光线在粗糙的表面与光滑的表面到底有什么区别呢？在粗糙的表面上，它所接收的光线会向四周漫射出去。无论你从什么方向看它，眼睛感到的明暗程度都相同。而光滑的表面呢？会把光线向同一方向反射出去。因而存在这样一种可能，我们的一只眼会在光滑的表面上看到更多的光线，另一只眼在粗糙的表面上几乎什么也看不见（好像将黑白两个表面的实体图融合在一起）。就是说，人的双眼在看不同光滑程度的照片时，所分配到的反射光线不相同，即一只眼会比另一只得到更多的光线。在我们观看光滑的表面时，这种情况不可避免。

如此说来，读者可以看到，实体观察法看到的光芒，证明了两个实体图形在实体镜里融合时，需要靠运气或者经验。若使我们两眼的视觉差异引起的冲突融合在一起，从而产生立体的感觉，那么视觉器官就得根据以往的经验，将两眼的视觉差异与之前看到的某个熟悉实物关联起来。

综上所述，因为我们两只眼睛得到的光线不一样多，所以能看到光芒。没有实体镜的话，我们无法看到这一现象。

快速运动中的视觉效果

我们可以看到物体的立体影像，只要它的不同照片在眼前快速交替——这是前面章节中曾提到过的现象。现在我们将它反过来，物体的形象固定不动，而让眼睛快速移动，那么能否产生立体的感觉呢？

相信大家已经知道答案了。是的，在这样的情景下，我们一样会看到物体的立体影像。不知道大家是否留意过，有的电影是在快速行驶的火车上拍摄的场景。当我们观看到这里的时候，就会有一种立体的感觉，而且这种感觉和通过实体镜看到的效果不相上下。当我们坐在飞速前进的火车上时，外面固定不动的景物在我们的眼睛看来，也会有一种立体的感觉，近处的景物和远处的景物变得很有层次感。之前提到过，保持不动的眼睛只能分辨450米以内物体的立体影像，如果是在快速行驶的火车上，这个距离会大得多。

如果你有过类似的经验，那么也一定有过类似的感觉：火车外的景色变得更加栩栩如生。当我们从快速行驶的火车车窗向外望去时，感觉远处的景色在快速向后退，在延伸到很远很远的地平线以下，大自然景色的宏伟和壮观在此时展现得淋漓尽致。而且，我们可以分清火车外的树木、树枝，甚至每一片树叶。但是，当我们在某个固定的地方观察，而非在快速行驶的火车上时，就只能看到整体的景象。

前面提到的是快速行驶的火车，如果换成快速行驶的汽车呢？也会是一样的情形。例如，当乘坐的汽车行驶于盘山公路时，我们可以分清山谷的高低，可以看到远处起伏的山峦。

100多年以前，人们就发现了这个现象。需要注意的是，该现象和实体镜没有什么关系。我们认为快速运动的物体距离自己很近，其实只是一种错觉而已，它们与我们的距离并没有想象得那么近。

众所周知，当我们看距离比较近的物体时，眼睛看到的大小和实际大小相差无几。但当我们看距离比较远的物体时，眼睛看到的大小则要小于它的实际大小。因此，在平时，当我们判断一个物体的大小时，总会不自觉地考虑到这一因素。为此，德国物理学家赫尔姆霍茨提出了解析。

透过有色眼镜看东西

先用红色的笔在一张白色的纸上写字，然后在纸上盖一块红色的玻璃，此时我们会发现，因为红色的字和红色的玻璃融合在一起，所以纸上的字全部消失了。但是，如果我们用灰色的笔替换红色的笔，又会发现，在盖上红色玻璃后，字都变成了黑色。

字为什么会变成黑色呢？其中的原因又是什么呢？道理很简单，灰色的光线不能通过只让红色光线通过的红色玻璃，所以在有灰色字的地方是没有光线的，这时字迹就变成了黑色。

根据有色玻璃的这一性质，人们发明了与实体照片效果一样的“凸雕”画，它的这一性质也由此称为“凸雕”作用。在“凸雕”画上，我们的两只眼睛会同时看到一灰一红、相互重叠的两个形象。

要想看到黑色的立体影像，只需通过一副特制的有色眼镜。有色眼镜的左镜片是灰色的，右镜片是红色的，通过它看“凸雕”画时，左眼会看到红色的形象，右眼会看到黑色的形象。

换句话说，就像透过实体镜观看一样，我们的每只眼睛看到了不同的形象，最终看到了物体的立体影像。

“光影奇迹”

与此同理，我们在电影院看电影时也会看到“光影奇迹”的现象。

“光影奇迹”是什么呢？我们知道，只要在银幕前面走动，人的影子就会映在银幕上。此时，戴着有色眼镜（前面提到的双色眼镜）的观众会看到这个人的立体影像，并感觉他是一个从银幕里走出来的人。这种现象即“光影奇迹”，其中的道理和前面的“凸雕”画是一样的。

如果我们想把某一物体的影子在银幕上凸显出来，就把它放在银幕和两个并列光源（红绿两色）的中间。于是，银幕上会得到两个颜色的影子，一个红色，一个绿色，有一部分互相重叠。这时，我们可以通过有色眼镜来看到物体的立体影像。

如果你有过切身体验，一定会感觉到刚才所说的影像有多么神奇。有时候，你甚至会感觉到凸出来的物体正向自己飞来。例如，一只恰巧跑到光影和银幕之间的蜘蛛，感觉好像要来到你身边，甚至可能把你吓得赶紧跑开。

如图131所示，我们来对此进行分析。图中左侧是一个红色的灯和一个绿色的灯，P和Q分别代表放在银幕和灯之间的物体，这两个物体映在银幕上的影子分别为p绿和q绿，观看者透过红绿玻璃看到两个物体的位置为P_1和Q_1。我们可以找一个假蜘蛛来做道具，当这只“蜘蛛”在幕后由Q爬到P时，在观看者的眼中，它则是由Q_1爬到了P_1。

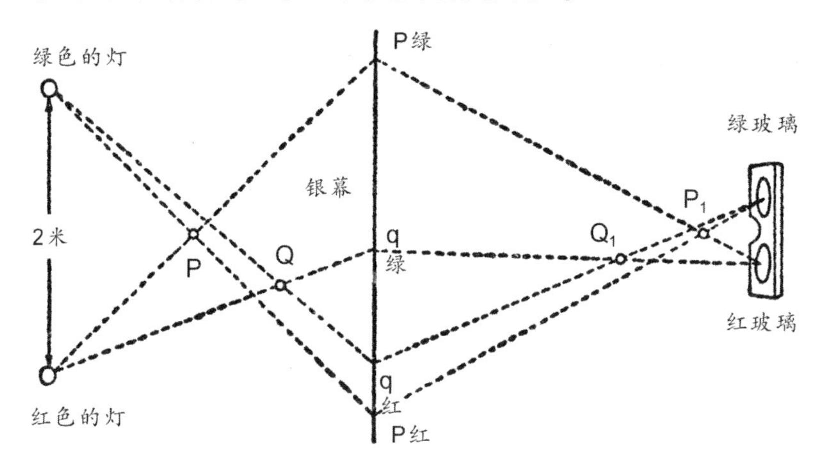

图131 “光影奇迹”解密。

一般来说，当幕后的物体向光源移动的时候，映在银幕上的影子通常会被放大。因此，观看者会觉得物体在从银幕方向朝着自己移动，当然这只是一种错觉罢了。与其相反，只有物体向着远离观看者的方向，即相反方向移动时，观看者才会看到物体在向自己飞来。

意想不到的颜色变化

在“有趣的科学”展览上，有一个实验极受大家欢迎。

在一个大房间里，放有很多颜色各不相同的家具、家电和图书。房间里有暗橙色的木质柜子，盖着绿色桌布的桌子，桌子上摆着红色的饮料和花瓶，还有一个放书的书架。

刚开始，在白光的照射下，我们看到了上述情景。转动开关，灯光由白色变成了红色，令人惊讶的事情发生了，房间里所有物体的颜色全都发生了变化：柜子变成了玫瑰色，绿色的桌布变成了淡紫色，桌子上的饮料变透明了，花瓶和花的颜色也变了，书上的字迹的颜色发生了变化，许多字消失了。如果灯光再次调换颜色变成绿色，物体的颜色还会跟着发生巨大变化，整个房间一下子变得面目全非。

这个有趣的实验体现出一个关于物体颜色的理论：物体表现出来的颜色是由它反射光线的颜色，即从物体上反射到人眼中光线的颜色决定的，并不是由它所吸收的光线决定的。

具体来说就是：如果我们在白光的照射下，看到的物体的颜色是红色，那么就是因为它吸收了绿色的光线，反射出红色的光线；绿色与此正相反。当然，在这两种情况下，其他的颜色会同样反射了出来。所以，物体所表现出来的颜色并非照射光线的颜色，而是由于缺少了某种颜色的反射光线所导致的。

现在回到主题，在刚才的实验中，我们之所以能在白光的照射下看到绿色桌布，是因为其他颜色的光线基本都被桌布吸收了，所以只能反射一小部分，而它只反射了绿色和接近绿色的光线。如果我们用红色和紫色两种颜色的光线照射这块桌布，那么，大部分的红色光线都会被它吸收，我们会看到桌布显示的是暗紫色。

基于这个原理，房间里所有物体的颜色才会发生变化。需要注意的是，为什么桌子上的饮料会变成无色的呢？因为一开始就把饮料放在了桌上一块白色垫布上，所以才会变为无色。如果没有这块白色垫布，饮料在红光的照射下会变成红色，而非无色。其中的原因又是什么呢？因为在红光的照射下，白布会变成红色。由于我们习惯上会拿深色的桌布与其进行对比，所以仍然感觉它是白色的。而饮料跟白色垫布的颜色相同，我们误以为饮料也是白色的。因此，我们眼中的饮料没有颜色，而非红色。

其实，完全不需要用到这么多道具，只需通过几块颜色不同的玻璃去观察颜色不同的物体，即可得到一样神奇的效果。

书有多高

手里拿着一本书，从地板开始在墙上比划出它的大小，并记住标记的点。然后把书拿到此处，开始对比刚才标记的点。你会发现，刚才比划的书的大小可能是书的实际高度的2倍，甚至更多。

如果根据比划的大小估计一个高度，而不是在墙上标记，那么这个高度与书的实际大小就会有很大的差距。当然，用其他物体，例如灯泡之类的东西替代书来做这个实验，结果也都一样。

产生错觉的原因是：当我们顺着物体的方向望过去的时候，它的实际长度要大于看起来的长度。

钟楼上大钟的尺寸

前面一节中提到，我们会因为错觉而在判断书的高度时得出错误的结果。其实，在判断高处物体的长度时，时常会发生此类错误。例如，当我们估计钟楼上大钟的大小时，估算出的大小与它的实际大小有很大差别。

钟楼上的大钟都特别大，这一点毋庸置疑，但我们估计大小的时候总是会小于它的实际大小。

如图132所示，这是伦敦威斯敏斯特教堂顶上被拆下来的大钟。钟楼看起来特别小，人与这个放在地上的大钟相比，简直就是一条小虫子。看看那座钟楼，再看看马路上的钟，你肯定不相信钟楼的圆孔能放得下它。

图132 伦敦威斯敏斯特教堂顶上的大钟实物对比图。

白点与黑点

如图133所示，上面的两个黑点与下面的一个黑点之间有一定的距离。从比较远的地方看下面的黑点，你觉得有几个同样的黑点可以放在它和上面任意两个黑点之间？4个还是5个？你可能觉得5个放不下，最多放得下4个。

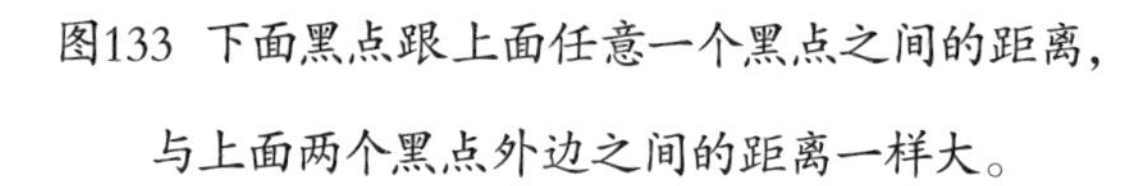

图133 下面黑点跟上面任意一个黑点之间的距离，
与上面两个黑点外边之间的距离一样大。

正确的答案是：在这个缝隙里，能放得下5个黑点。如果你不相信，可以拿出尺子或圆规来，亲自比划一下。

物理学上有一个“光渗现象”，即：一段黑色的实际长度比看上去的长度要短得多，跟相同长度的白色比起来，也要短一些。

为什么会出现光渗现象呢？这是由我们的眼睛的构造决定的。我们的眼睛并不是无所不能、精准无比的光学仪器，它还有“不完善”的地方。与擅长对焦的照相机相比，物体在眼球视网膜上成像的大小，还是差了很多。用眼睛看物体时，这种“球面像差”会使得光亮的物体周围有一圈亮边，这个亮边把物体在视网膜上成的像放大。因此，我们会把亮光放大，误以为周边的亮边也包含于光亮之中。

诗人歌德特别喜欢观察自然现象，但他得出的有些结论是错误的。例如，他曾经在《论颜色的科学》中叙述道：

大小、形状完全相同的物体，表面颜色深的看起来会比颜色浅的要小。我们在黑色背景里画一个白圆点，再在白色背景里画一个同样大小的黑圆点，将两者放在一起比较，白圆点比黑圆点显得大多了。只有适当地放大黑圆点，它们才看起来一样大。

看一弯新月时，如果运气好，也会看到它的阴影部分，我们会发现明亮的新月的直径看起来要比阴影部分的更大一些。穿深色衣服的人显然要比穿鲜艳衣服时显瘦。站在门框后面，看门框里面一盏亮着的灯，会发现紧贴灯的门框好像缺了一块。放在蜡烛跟前的尺子，正对着烛光的部分，会出现明显的凹陷缺口。在太阳东升和西坠之时，地平线看上去好像塌陷了一样。

歌德发现的这些现象的确存在，但是他说白点比黑点大一点儿就不准确了。随着距离的不断增加，这个差距会变得非常大，不仅仅是一两倍。

接下来，我们仔细分析一下这个问题：

图133拿到更远的地方，错觉会越加明显，甚至达到不可思议的地步。之前提到，亮边的阔度是保持不变的，它在较近的距离上可以使光亮变大10%。而在物体本身变小的情况下，它在较远的距离上不仅能使光亮变大10%，还可能达到30%甚至50%。

前面说过，这是由眼睛的构造所决定的。如图134所示，当我们把这个图拿近看时，会看到黑色背景上有许多白色的点。把它拿得更远一些，比如两三步开外，就会发现图上的白点变成了六边形，而不再是圆的了。如果视力比较好，你还可以拿得更远，那样效果更明显。

图134 从比较远的地方看，
你会发现白点变成了六角形，不再是圆的了。

这种通常被称为光渗现象的错觉并不能解释所有现象。例如，“光渗现象”可以解释黑点的缩小，却不能解释黑点的放大。如图135所示，从较远距离看去，图中的黑点也会变成六边形，但这就不是“光渗现象”了。还有很多诸如此类的现象，我们至今尚未找到合理的解释。

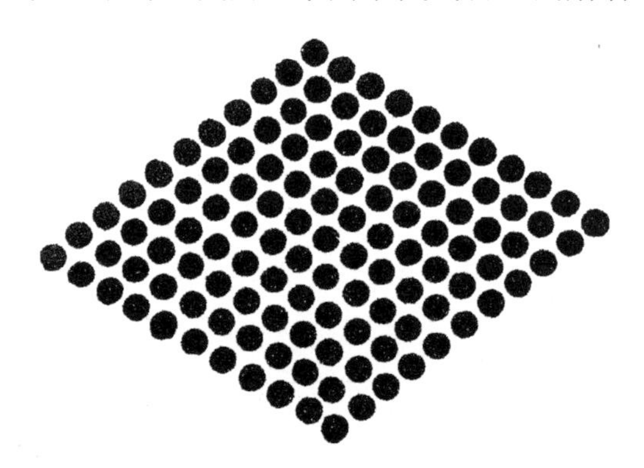

图135 从远处看，黑点也会变成六角形。

哪个字母比较黑

如图136所示，这四个字母是俄文中“眼睛”的单词。我们可以通过这张图来认识物理学中的像散现象，或者说眼睛的另一个“缺陷”。

图136 只用一只眼睛看这4个字母，你会发现里面有一个看起来更黑一些。

图136中的四个字母，当我们仅用一只眼睛看，会觉得有的黑一些，有的不那么黑。换一个方向看，还是觉得并不是一样黑，不过此时刚才灰色的字变黑了，刚才黑一些的字则变成了灰色。

从图中可以看出，每个字上都被涂上了方向不同的阴影，但它们黑的程度都是一样的。如果用玻璃透镜来看，会觉得它们一样黑。如果用构造与玻璃透镜不同的眼睛来看，就会觉得不一样黑。这是因为我们的眼睛对来自各个方向的光线折射的程度是不一样的，它不能同时看清水平、垂直和倾斜的线条。

大部分人都会看出这种差别。对一些视觉不够敏锐的人来说，像散作用特别明显，可能影响他的正常视力，情况严重时甚至需要戴一种特制的眼镜。

不仅如此，我们的眼睛的一些其他缺陷也可以用精密的光学仪器来弥补。对此，德国物理学家赫尔姆霍茨曾经说道：“如果有人卖给我存在这种缺陷的光学仪器，我会向对方提出严正的抗议，毫不客气地讨回公道。”

眼睛的特殊构造决定了我们可能会产生错觉，除了上面谈及的一些原因，另一些其他原因也会导致眼睛欺骗我们。

活过来的肖像画

在看肖像画的时候，你有没有注意到一个细节，就是无论从哪一个方向看，画中人的眼睛总会一直看着你。你是不是觉得很神奇？其实，人们在很久以前就发现了肖像画的这一特征。在没有弄清楚原理之前，有些人还被它吓到了。

果戈理[1] 曾在文章《相片》中描述道：

那双眼睛死死地盯着他，似乎除了他之外，再也不愿意分出哪怕一丁点的余光去惠顾别人……相片完全不顾周围的一切，一直盯着他。那目光就像利剑一样，似乎要插入他的身体里去……

文章中还提到，关于这一现象，当时有很多迷信的说法。当揭开谜底时，证明那只是我们的错觉而已。

我们知道，当两个人对望的时候，瞳孔居于眼睛中间。在肖像画中，人的两个瞳孔正好画在眼睛中间，因此会让观众产生被盯视的错觉。在什么情况下，对面的人不会感觉到对方在盯着自己呢？很简单，当一个人的身体姿势保持不变时，瞳孔会随着他的眼睛望向别的方向而变换位置，转到眼睛的一边或者一角上。此时，我们就不会觉得他在盯着自己了。但是，无论我们走向哪个方向，只要一直看画，画中人的瞳孔位置都不会发生任何改变，一直会在眼睛的正中间，所以我们会觉得他在盯着我们，“监视”我们的一举一动。

1.果戈理（1809—1852），俄国批判主义作家，俄国现实主义文学的奠基人。

同理，在看一幅骏马向外奔跑的画时，不管我们如何变换角度，总会觉得它在向我们奔来。在看一幅有人用手指着我们的画时，不管走到哪个方向，总感觉这个人的手指一直指向我们。

如图137所示，这种大幅的图画经常出现于广告宣传中，是一个很明显的例子。

图137 广告宣传中常用的设计。

在观看这种图画时，我们的眼睛总会产生错觉。其实产生这种错觉的原因很简单，那是由肖像画引起的，而非眼睛的问题。

插在纸上的线条与其他视错觉

如图138所示，图上画着一些看似普通的大头针。当我们把书放平并拿至与眼睛齐平的高度，闭上一只眼睛，仅用另一只眼睛顺着大头针的方向看这些大头针的针尖时，会突然感觉图上的大头针都立了起来，不再是单纯地画在纸上了。还会感觉到，随着我们的头移向某个方向，大头针会随之倾斜。

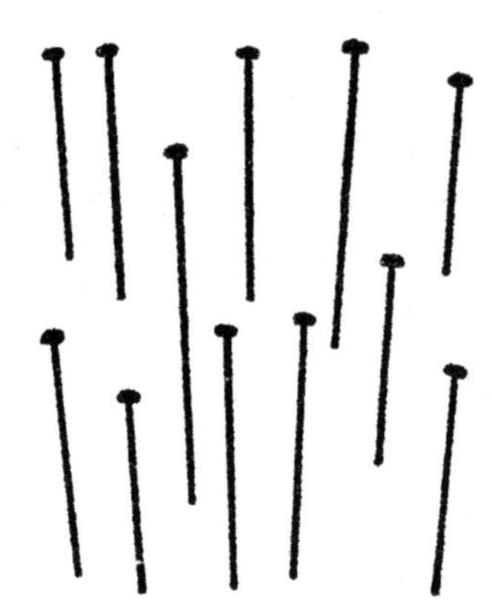

图138　将这幅图拿至与眼睛水平的位置，仅用一只眼睛看这些大头针的针尖，顺着大头针的方向看去，会感觉大头针都立了起来。

利用物理学上的透视定律，可以很好地解释这一现象。当我们按照上述方法看图138上的直线时，看到的好像是竖立的大头针的投影。

很多时候，我们都会被这些错觉支配。有一些人认为这是天生的缺陷，不过也必须承认，这些错觉有时会给我们带来便利。例如，很多美术家会利用错觉来绘画，并创作出许多美丽的风景画，否则，我们去哪儿欣赏它们呢？

18世纪，欧拉在《有关各种物理资料书信集》中有这样一段描述：

整个绘画艺术建立在欺骗之上。如果我们判断任何物体都严格按照实际情况去分辨的话，那么美术将毫无价值可言，就像你我的双眼瞎了一样。如果真的如此，那么在我们眼里，再好的绘画作品不过是这儿一块红，那儿一块绿，这儿是灰色的，那儿有黑点和白线条等等，它们同处于一个平面，没有差别，也不可能像任何东西。无论这个伟大的作品画的是什么，在我们看来，充其量就像是用笔在白纸上写的信……如果永远体会不到美术带来的愉悦和情趣，这难道不是我们的损失吗？

这种“欺骗”现象在光学上很普遍，如果有人想要收集起来，恐怕一本书都写不下。接下来，我们就来举几个并不熟悉却十分有趣的例子。

如图139和图140所示，两张图都画在格子上。你一定不会相信图139中的字母是竖着的，也不会认为图140画的不是螺旋形。

图139 字母是竖直的。

图140 看起来像螺旋形，实际上是什么呢？拿出铅笔画一下吧。

现在，将一支铅笔的笔尖放到螺旋线上，沿着图中的曲线画过去，你发现自己的想法错了吗？同理，我们时常会觉得在图141所示的线段中，AC要短于AB，其实它们是等长的。我们还找了一些容易引起错觉的例子，如图142至图145。

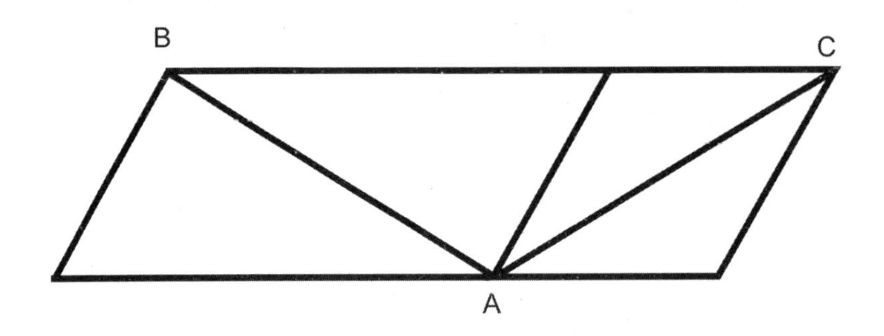

图141 看上去线段AB要长于线段AC，其实它们是等长的。

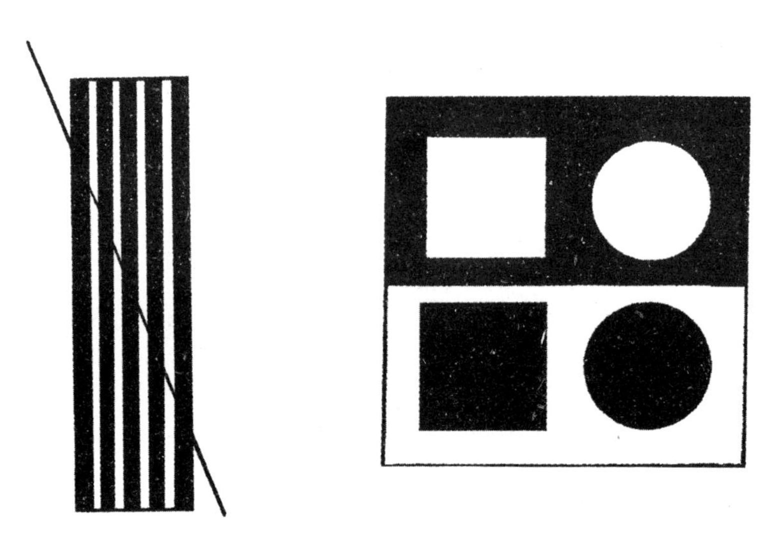

图142 这条线是直线还是折线？　图143 上下两个方块大小一样吗？两个圆呢？

图144 在白线交叉处，你是否能看到一些忽显忽灭的灰方点？它们真的存在吗？

图145 出现在黑线交叉处的灰点真的存在吗？

在这里，我们重点讲解一下错觉非常严重的图144和图145。

以前，必须先制作锌版，然后才能印刷出书。当时有一件发生在出版时的趣事：出版人看到锌版的白线交叉点上有黑点，以为是锌版没有做好，准备让制作者将其去掉。后来经过我的解释说明，他才恍然大悟。

近视眼的人如何看东西

一个不戴眼镜的近视患者无法看清楚远处的东西，这种感觉大概是视力正常的人无法体会的。现在很多人都患有近视，你想不想了解一下他们在不戴眼镜的情况下，看到的景象是什么样子的呢？这一定是一件非常有意思的事情。

近视的人在不戴眼镜的情况下，眼中的景物始终一片模糊，无法看清楚线条的轮廓。当视力正常的人望向一棵大树时，树叶和树杈都可以分得很清楚。但近视的人不仅看不清楚细节部分，甚至连那一棵大树，也不过是一片模糊的绿色而已。

当近视的人看向一个人的脸时，无法看到那个人脸上的皱纹和色斑。在他的眼中，对方甚至可能是一个很年轻、面部整洁、皮肤红嫩的人。因此，近视患者在判断一个人的年龄时，有可能与他的实际年龄相差20岁。为了看清楚一个人的脸，他们往往会做出这样的动作：好像不认识这个人一样，把头伸到对方的脸前仔细端详。

诗人普希金的朋友捷尔维格（也是诗人）回忆说：

“在皇村的日子里，由于不允许戴眼镜，那里的妇人在我眼里美若天仙。毕业后，我戴上了眼镜，心里却失望极了。”

当近视的人与你聊天时，他看似一直望着你，其实看不清你的真实面目。在他的眼中，你的脸只是一个模糊的轮廓而已。为了弥补视觉上的缺憾，近视的人往往会利用声音来辅助判断。例如，你可以发现，说完话不久，在你不开口说话的情况下他根本认不出你。

近视患者与视力正常的人在夜间看东西时也不一样。在灯光的照射下，近视患者看向电灯、被灯光照亮的玻璃等一切发光物体时，都会大于它们的实际大小。在他们看来，这些发光物体变成了一些不规则的亮斑。例如，街上的路灯只是几个大光点，汽车的车头灯只是两个明亮的光点。如果没有声音，他们甚至不会认为那是一辆汽车。

在近视患者眼中，夜间的星空也是另一番景象。当他们望向夜空时，他们看不到那些光线比较弱的星星，只能看到视力正常的人所能看到的星星的数量的十分之一，即很少的星星。而且，这些星星在他们眼中是一些距离很近的大光球。月亮也是如此，他们通常看不到月牙形的“半月”，只能看到一个奇怪的形状。

以上所有原因，都是因为近视患者的眼球聚焦点要深于视力正常人的眼球。他们的眼睛结构已经发生了变化，不能很好地将物体上每一点反射出来的光线都聚焦到视网膜上，而是让它们跑到了视网膜的前面。这些光线在射到视网膜上时是发散的，只能形成模糊的影像。

Chapter 10

声音与视觉

如何寻找回声

没有人看见过它，
可是每个人都听见过它，
它没有形体，可一直活着，
它没有舌头，可却会叫喊。

——涅克拉索夫

马克·吐温讲过一个有关回声的笑话，说有一个喜欢收集回声的收藏家，不辞辛苦地辗转世界各地，目的就是购买那些可以产生回声的土地。

他先在佐治亚州买到了一块可以重复4次回声的土地；又在马里兰买到了一块有6次回声的土地；接着，在关恩买了一块有13次回声的土地；然后，他又来到堪萨斯，买到了一块有9次回声的土地；最终，他在田纳西买到了一块有12次回声的土地。这块地上有一块峭岩破掉了，需要维修。收藏家找了一个经验不足的建筑师进行维修，可是把事情搞砸了，最终的结果是，此地恐怕只适合聋哑人去住……

这当然是一个玩笑，但是好听的回声的确存在，有些地方正是因为回声引起了大家的注意，渐渐变成举世闻名的旅游胜地。

下面来列举几个例子。英国伍德斯托克的回声可以重复17个音节，格伯思达附近的一个城堡废墟的回声甚至可以重复27次之多，不幸的是，在一堵墙倒塌了之后，这个回声就再也没有出现过。还有一块断岩在捷克斯洛伐克的亚德尔思巴哈，那里的回声可以让7个音节重复3次，但是只要离开一丁点儿，哪怕是用步枪射击，也不会再有任何回声。米兰附近有一座可以产生多次回声的城堡，每回最少产生30多次回声，多的时候可以重复40至50次。

与其相比，只产生一次回声的地方还真是不好找。在俄国，森林里的空旷地带能产生多次回声。如果有人大喊大叫，即可听到森林里反射回来的回声。

但是，在山地里的空旷地带就很难听到回声。这其中的原理与光的反射是一样的，声波在传播过程中遇到障碍物，然后反射了回来，即为回声。通常，声波传播的方向称作声线，与光的反射相同，它的反射角与入射角也是相等的。

如图146所示，假设你站在山脚下，站立的前方有一个巨大的障碍物AB，你发出的声波沿着Ca、Cb、Cc的方向向前传播。

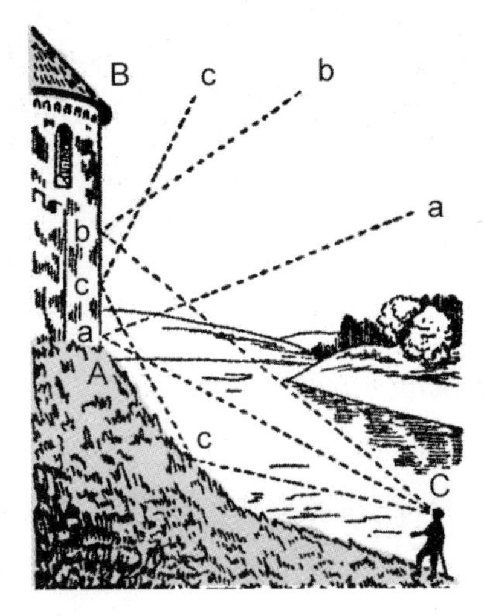

图146 听不到回声的原因。

很明显，这些声线不可能在经过反射后还回到你站立的地方，更别说你的耳朵了。它们会沿着aa、bb、cc的方向传播。但是，假如你站立的位置比障碍物要高，或者两者在同一个平面上，情况又会有所不同。

如图147所示。声波沿着Ca、Cb向下传播，然后遇到地面进行反射，接着遇到障碍物后又进行反射，最终沿着CaaC或CbbC的方向回到你的耳朵里。这时，你就可以听到回声了。而且，地面上的凹陷会使回声更加清楚，它们的作用和凹面镜是一样的。如果地面上并非凹陷而是凸起，回声即会减弱，甚至还有可能反射出去，无法进入你的耳朵。此时，你就听不到回声了。

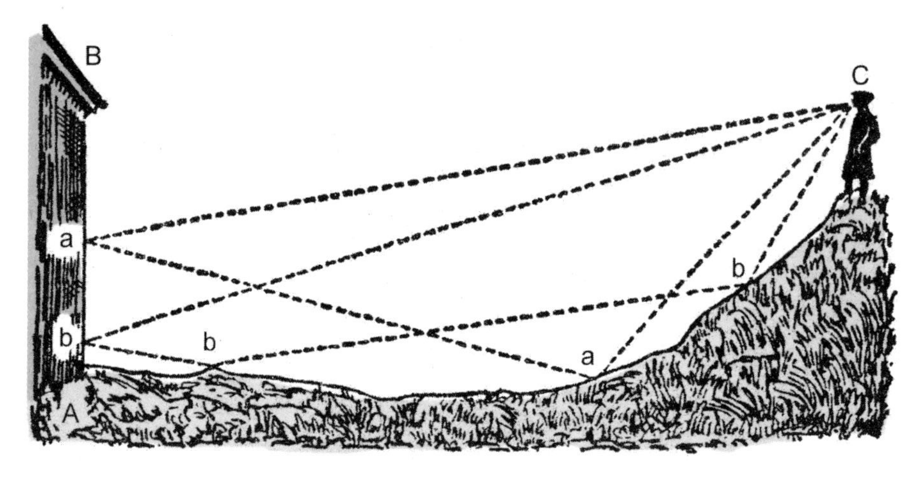

图147 听到回声的原因。

要想在凹凸不平的地面上寻找回声，需要掌握一些技巧。即使在最有可能产生回声的地方，你也未必能把回声“召唤”出来。

首先要注意的是，要与障碍物之间有一个合适的距离，必须给声音一个较远的距离进行传播，也会因为跟原来的声音间隔太短，而无法听出是不是真的有回声。大家都知道，340米/秒是声音的传播速度，因此当我们距离障碍物85米时，约在半秒后听到回声。

从上面的描述中可以发现，回声是声音传播出去后又返回来的现象，并不神秘，可是我们依旧难以听清所有的回声。人们听到的回声各有不同，有时候像野兽吼叫，有时候像吹号角，有时候像打雷，有时候像女孩子在唱歌……当产生回声的原音比较尖锐，并且持续不断时，我们听到的回声就会比较清楚。但是，一般来说，人说话产生的回声就不清楚了，尤其是男人，他的声音会比女人和孩子的声音更加模糊。

用声音替代尺子

众所周知，340米/秒是声音的传播速度，当我们想要测量无法接近的物体之间的距离时，就可以利用声音的传播速度。

儒勒·凡尔纳曾在小说《地心游记》中提到这一点。在这部小说中，教授和他的侄子在地下旅行时失散了，好在他们突然听到了对方的声音，接下来，就有了下面的对话：

我开始大声叫喊："叔叔！"。

"孩子，出了什么事？" 没过多久，我就听到了叔叔的回答。

"我想知道你离我有多远？"

"哦，这很容易！"

"你的表还准吧？"

"嗯，很准确。"

"那好，你把它拿在手里，一边喊你的名字，一边同时记下秒针的读数。我一听到你的名字，就会立即重复一遍你的名字，你听到我的声音后要立即记下秒针的读数。"

"嗯，明白了。我听到你的喊声与我发出的喊声之间的时间的一半，就是你我之间声音的传播时间。你那边准备好了吗？"

"准备好了。"

"请注意！我要喊你的名字了！"

我将耳朵紧贴着墙壁，喊了一声自己的名字，并立即记下秒针的读数。

一听到“雅克谢提”传来，我就记下读数。

我喊道：“总共花了40秒。”

叔叔说：“声音从你那里传到我这里花了20秒。声音的速度是340米/秒，那就是说我们之间相距7千米左右。”

在上面这个例子中，教授利用声音的传播速度量算了两人之间的距离。明白其中的原理后，类似的问题就容易解答了。例如，下面的问题：

距离很远的火车头即将离开，我们看到它冒出了白烟，1.5秒之后，才听到它发出的汽笛声。那么，我们与火车之间的距离有多远？

声音反射镜

森林、院墙、建筑物、大山等一切能够产生回声的障碍物，都可以称为声音反射镜。之前提到过，镜子能反射光线，与此同理，声音反射镜也能反射声音，从而产生回声。

需要注意一点，这些能够反射声音的镜子并不都是平面的，也有可能是曲面的。与凹面镜的原理相同，凹面障碍物也可以把声音聚焦到焦点的位置。

接下来，我们通过一个非常有意思的实验来验证这一点。

将一只盘子放在桌子上，手拿一只怀表，将其放置于盘子上方几厘米高的位置，接着拿另一只盘子放在耳朵旁边。如果怀表的高度适宜，盘子的位置正确，你就可以听到，在耳朵旁边的盘子里，怀表嘀嗒走动的声音。这种感觉在闭上眼睛后会更加明显，甚至会让你误以为怀表就在耳朵旁边（图148）。

图148 声音反射镜。

中世纪时期，建筑师在建造城堡时很喜欢在声音上做文章。他们会在凹面障碍物的焦点位置放上一个人的半身像，或者将其巧妙地放在墙内管道的另一端。

如图149所示，这是在一本16世纪的书上找到的建筑图。由图可知，建筑师做了如下装置：声音从外面经过传声管道传入房间里，被拱形的天花板反射，由此到达石膏像的嘴上；一个可以把外面各种声音传到大厅里的半身像上的巨大传声筒，也暗存于建筑物中……当人们走进这间屋子时，觉得半身像好像会说话、唱歌一样。

图149 这是1560年出版的一本书里的插图，
绘制的是城堡里会说话的半身像。

剧院大厅里传来的声音

时常到剧院或者音乐厅里的人，一定都有过如下感受：有的大厅里，可以清晰地听到远处的音乐声和说话声；有的大厅里完全相反，坐在最前排也可能听不见音乐声和说话声。对于这一现象，一本关于声波及其应用的书里曾有过详细讨论。

在建筑物里，由于声音会进行多次反射，从声源发出的声音往往需要传播一段较长的时间才会停下来，这时它在建筑物里走了好几个来回。同时，别的声音也可能会出现。如果新的声音在前面的声音还未消失时掺杂进来，人们就很难分辨出声音的来源了。

假设一个声音能持续存在3秒钟，说话的人每秒钟能发出3个音节，那么这时在建筑物里传播的声音是9个音节，怎么可能听得清楚说的是什么呢？

如果想让人听清楚，唯一的方法就是：说话的人放慢语速，一字一句，吐字清晰，而且声音不要太大。但是实际情况往往相反，人们会不自觉地抬高语调，因此就会感觉房间里都是噪声，听得更加模糊。

不久前，建筑师建造出一座音效良好的剧院，人们认为他的运气不错。如今对声学有了足够的了解后，人们已经能够有效地消除剧院里影响听觉的回响现象（物理学上称其为交混回响）。当然，本书不去探讨这个深奥的问题，我们要说的是消除交混回响的方法，就是建造某种能够吸收多余声音的墙壁。

最好、最简单的吸收声音的方法是打开窗户，人们把一平方米敞开的窗户所能吸收的声音，作为计量单位。当然，坐在剧院大厅里的观众也能吸收声音，只是他们吸收声音的能力不及敞开窗户的一半，也就是每个人吸收声音的量不超过0.5平方米敞开的窗户。

一位物理学家曾说，听众对演讲者声音的吸收，完全可以依照“吸收”一词的表面意义来理解。照此来说，大厅越空旷，对演讲者越不利，这句话也可以依照它的表面意义来解释。

反过来，当我们听不清声音时，就是声音被吸收得太厉害了。这很好理解，声音会随着自身被不断吸收而逐渐变弱，交混回响的消除也会受此影响。此时的声音就会略显枯燥，听起来不连贯。因此，在我们消除交混回响时也要谨慎把握，避免吸收得太多或太少。具体的把握程度一般由大厅的形状和大小等来决定，没有固定的数值。

在剧院里，摆在舞台前面的提词箱是一个非常有趣的东西，它们基本都是拱形的。这个形状令其相当于一个凹面镜，不仅可以将声音更好地传到舞台上，而且能够避免观众听到提词的声音。可以说，提词箱是一台简单的声学仪器。

海底传来的回声

很长一段时间里，人们觉得回声没有什么实际的作用。直到后来发生了一次偶然事件，人们才发现，回声对测量海洋的深度很有帮助。

1912年，巨型邮轮“泰坦尼克”号不幸被冰川撞沉，大部分乘客不幸遇难。为了防止此类海难再次发生，人们想出了用回声探测前方有没有冰山等障碍物的方法。这个想法后来失败了，但人们通过这件事想到了回声的其他作用，并最终取得了成功，那就是利用回声测量海洋的深度。

如图150所示，这是利用回声测量海洋深度的示意图。由图可知，一个火药包放在一侧的底舱里，燃烧时会发出剧烈的声音。这声波穿过水层到达海底，再由海底反射回船上。当船上的精密仪器接收到声波，计时器就能准确记录下从声波发出到收到回声的时间，通过声音在海洋中的传播速度，我们很容易计算出海洋的深度。

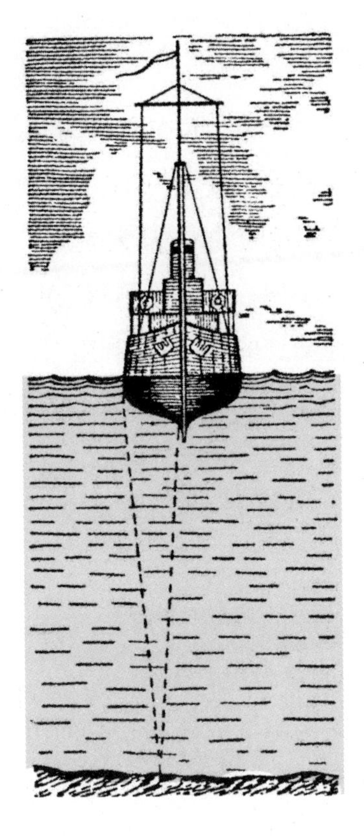

图150 利用回声来测量海洋的深度。

被广泛应用于测量海洋深度的装置就叫回声探测器。在人们还没有想到这种办法之前，通常是用测锤来测量海洋的深度。但是，只有在船静止不动的时候才能使用测锤，而且该方法花费的时间非常长。绳子从上面的转盘垂下去，每分钟最多垂下150米，从海里提上来也非常慢。所以，如果测量深度是3千米的话，大约要花费45分钟。

发明了回声探测器后，再也不需要这么长时间了，只需几秒就可以轻松完成测量工作，行驶中的船只也一样可以行进。更重要的是，利用回声探测器测出来的海洋深度比用测锤测出的深度要精确得多。据说，最新的回声探测器可以把误差缩小至不超过0.25米，这就相当于时间上的精确度达到了$\frac{1}{3000}$秒。

测量海洋的深度，尤其是深海的深度，回声探测器非常方便。在浅海区域，它被广泛应用于保证航行安全，防止发生触礁等事件。可以说，船只在它的帮助下避开了许多危险的地方，大大减少了海难事故的发生。

随着科技的不断发展，现在回声探测器的声源已经替换为一种超声波。这种超声波是在快速交变的电场中，利用石英片的振动产生的。它的频率极高，能达到每秒几百万次，我们的耳朵根本感受不到。

昆虫发出的嗡嗡声

我们都听过昆虫飞过时的嗡嗡声。可是，昆虫并没有能够发出这种声音的器官，那它为什么会有这种声音呢？

其实，这种嗡嗡声是由昆虫的翅膀振动而引起的。它们的翅膀每秒振动的次数非常多，有的高达几百次。我们知道，如果膜片每秒振动超过16次，便会产生一种音调，昆虫振动的翅膀就相当于振动的膜片。

每一种声调都与一定的振动频率相对应，我们通过昆虫飞行时发出的嗡嗡声可以知道昆虫翅膀的振动频率。

第一章中提到过时间放大镜，在时间放大镜的帮助下，我们发现各种昆虫翅膀的振动频率几乎不变，当昆虫调整飞行的角度或方向时，频率仍然不变，只是翅膀振动的幅度和角度发生了变化。不过，这个频率在冷天时会高一些。由此可以知道，为什么昆虫飞行时所发出的声音基本没有什么变化。

人们通过测量得出，苍蝇飞行时发出的音调是F调，所以，352次/秒是它翅膀的振动频率，而山蜂是220次/秒。没有采蜜时的蜜蜂发出的是A调，翅膀的振动频率是440次/秒，而携带蜂蜜的时候发出的是B调，翅膀的振动频率是330次/秒。蚊子发出的音调较高，它的翅膀每秒振动550-600次。我们通常说的直升机，它的螺旋桨转动频率为25转/秒。

经过一系列的对比，你有没有对上面的数字加深印象呢？

听觉上的错觉

一个轻微的声音从很远的地方传来，我们会觉得它比较响亮。这种听觉上的幻象，也可以理解为听觉上的错觉。

美国科学家威廉·詹姆士在《心理学》一书中讲述了一件事情：

一天夜里，我静静地坐在桌边看书。

突然，房子前面传来一阵惊人的响声。片刻，响声沉寂下去，没多久，又响了起来。我跑到客厅想细听一下，却没听到响声，只好回到书房。

我刚坐下没看两行，响声又起，这一次来得很猛烈，就像缺堤的河水一般包围而来。我心中烦躁极了，再次跑到客厅想一探究竟，可是一到客厅，响声又消失了。

等我的心绪平静下来，再次回到书房，突然找到了这个声音的来源，竟然是那条睡在地板上的小狗在打鼾！

更有趣的是，一旦找到了那个令人心烦的噪声之后，我再也不觉得鼾声刺耳了，原来的幻觉也不再出现了。

在日常生活中，这种听觉上的错觉十分常见，相信我们也都曾经有过这种经历吧？

蝈蝈的叫声来自何处

当我们听到一个声音时，常常不知道它是从哪里发出来的。就是说，我们不知道声音传来的方向。

如图151所示，我们可以很容易地辨别出枪声是从左边还是右边发出来的。但是，我们一般无法辨别是从前面或后面发出来的声音。

图151 枪声是从左边传来还是从右边传来？

如图152所示，我们常常会把从前面传来的枪声误以为是从后面传来的。因为这个时候，声音的强弱是我们判断远近的唯一标准。

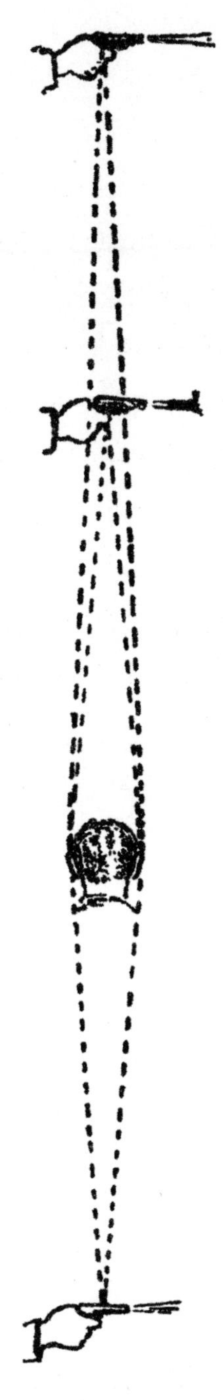

图152 枪声是从哪里发出的？

下面，来做一个有趣的实验。

给实验者蒙上眼睛，让他安静地坐在房子正中间，保持不动。在他的正前方或正后方敲击两枚硬币，让他猜测声音传来的方向。结果一定出乎意料，实验者甚至会说声音是从完全相反的另一个方向传来的。

如果我们在他的侧面敲击硬币，而非正前或正后方，那么他判断得比较准确。其中的原因到底是什么呢？原来，在侧面敲响硬币时，距离声音比较近的那只耳朵就会先听到这个声音，而且比另一只耳朵听到的声音要大。因此，实验者比较容易分辨来自左右的声音。

现在，能理解为什么很难在草丛中找到蝈蝈的原因了吧？

虽然觉得蝈蝈的叫声是从右边两三步的地方传来的，但你到那里就会发现，它的声音又跑到左边去了。只是一转头的工夫，叫声又去了别的地方。过去了很久，你也很难找到这个“音乐家”。

事实是怎么回事呢？这一切只是我们听觉上的错觉。蝈蝈一直在一个地方，并没有跳来跳去。在你转头时，它正好在正前方或者正后方。通过前面的实验可知，此时很难判断声音的来源，所以你一直转来转去，却总是看不到它在哪儿。

现在，我们可以得出一个结论：要想知道蝈蝈的声音或其他声音是从哪里传来的，一定要学会“侧耳倾听”，即侧转一下头，让一侧的耳朵正对着它，千万不能正脸相对。

奇怪的听觉故事

我们自己在吃干面包片的时候，会发出不小的声音。旁边的人在吃干面包片时，我们却一点儿也听不到。不知道你是否注意过这种现象，两者之间的差别又为什么会如此大呢？

自己的耳朵能听见这种声音，而旁边的人根本听不到，这种情况其实是由身体构造决定的。

人类的头骨非常坚韧，导致了它对声音的敏感性和易于传导声音的特性。我们知道，声音在实体介质中会被加强。所以，当我们吃干面包片时，声音通过头骨传到了听觉神经，变成了很大的噪声。而对旁边的人而言，声音只是通过空气传到耳朵里，听起来就很微弱。

再举一个例子：用两只手捂起耳朵，然后用牙齿去咬怀表的圆环。此时，因为头骨加强了怀表的嘀嗒声，所以你就会听到沉重的打击声。

据说，贝多芬在耳朵聋了之后，就是用牙齿咬住一根硬棒，然后把硬棒的另一端放在钢琴上面来听演奏的。

很多耳聋的人的内部听觉神经依旧是健全的，并没有被损坏，因此可以跟着从地板传来的音乐声翩翩起舞。